网络与新媒体技术丛书

计算机网络原理

主　编　郑　伟　　蒋竹千　　唐小军

副主编　张　超

西南交通大学出版社

·成　都·

图书在版编目（CIP）数据

计算机网络原理 / 郑伟，蒋竹千，唐小军主编. —
成都：西南交通大学出版社，2022.8
ISBN 978-7-5643-8836-2

Ⅰ. ①计… Ⅱ. ①郑… ②蒋… ③唐… Ⅲ. ①计算机
网络 Ⅳ. ①TP393

中国版本图书馆 CIP 数据核字（2022）第 144519 号

Jisuanji Wangluo Yuanli

计算机网络原理

主编/郑　伟　　蒋竹千　　唐小军

责任编辑/黄淑文
封面设计/原谋书装

西南交通大学出版社出版发行
（四川省成都市金牛区二环路北一段 111 号西南交通大学创新大厦 21 楼　610031）
发行部电话：028-87600564　　028-87600533
网址：http://www.xnjdcbs.com
印刷：四川煤田地质制图印刷厂

成品尺寸　185 mm × 260 mm
印张　8.75　　字数　216 千
版次　2022 年 8 月第 1 版　　印次　2022 年 8 月第 1 次

书号　ISBN 978-7-5643-8836-2
定价　35.00 元

课件咨询电话：028-81435775
图书如有印装质量问题　本社负责退换

前　言

自从 20 世纪 90 年代以后，以因特网为代表的计算机网络得到了飞速的发展，已从最初的教育科研网络逐步发展成为商业网络。因特网正在改变着我们工作和生活的各个方面，并加速了全球信息革命的进程。因特网是人类自印刷术发明以来在通信方面最大的变革。现在，人们的生活、工作、学习和交往都已离不开因特网。

21 世纪人类将全面进入信息时代。信息时代的重要特征就是数字化、网络化和信息化。要实现信息化就必须依靠完善的网络，因为网络可以非常迅速地传递信息。因此，网络现在已经成为信息社会的命脉和发展知识经济的重要基础。网络对社会生活的很多方面以及对社会经济的发展已经产生了不可估量的影响。

由此可见，掌握计算机网络原理与技术，已经成为对互联网领域工作者最基本的要求之一。

本书是针对技术型文科专业（如新闻学、广告学、网络与新媒体等文科类专业）的学生编写的，是编者在总结多年的教学、科研实践经验的基础上，结合全面推进新文科建设的形势和背景以及应用型高校技术型文科人才培养目标，以计算机网络入门知识和基本概念为基础，以实际操作为主线，以“能用、会用、够用”为目标编写而成的。全书共分 7 章，分别为：认识计算机网络、计算机网络的家庭成员、局域网构建、局域网的应用、Internet 的应用、网络安全和未来网络新技术。每章都包括“理论讲解”“案例分析”“实验操作”“微课视频”以及“课后练习”五个板块。全书理论与实践相结合，深入浅出地讲解和分析了计算机网络原理的基本知识和应用技能，特别适合技术型文科专业的学生使用。

本书的编写得到了成都锦城学院网络信息中心张超、何厚华、张丽等的支持和帮助，编者在此向他们表示由衷的感谢。

由于编者学识水平有限，编写的时间也较为紧张，书中难免会有错漏之处，恳请广大读者批评指正。

编　者

2022 年 6 月

目　录

第 1 章　认识计算机网络

21 世纪的一些重要特征是数字化、网络化和信息化，这是一个以网络为核心的信息时代。自 20 世纪 90 年代以来，互联网（Internet）得到了迅速发展，并逐渐成为世界上最大、最重要的计算机网络，网络已成为信息时代社会的重要基石，同时网络对现代社会的发展也产生了重大影响。

各行各业以及人们的工作、生活、娱乐、消费都需要借助互联网。互联网本身就是一个行业，它带动着其他所有行业的发展。计算机网络只是传递信息的媒介，是一个狭义的硬件网络。而互联网是广义的网络，其本质是能为你提供有价值的信息和满意的服务。互联网也是面向公众的社会组织。全世界数以亿计的人可以利用互联网进行信息交流和资源共享。互联网是人类社会历史上第一个世界性的图书馆，也是第一个全球性的论坛。它为用户提供了高效的工作环境，计算机终端可以访问多种信息资料。人们可以通过网络进行娱乐消费，比如听歌、看视频、购物等。随着通信技术的发展，互联网终端不再局限于台式计算机和便携式计算机，智能手机、平板电脑、掌上游戏机甚至谷歌开发的眼镜、手表都可以上网。

生活在 21 世纪的人们，或多或少掌握了一些网络技术的使用，也知道互联网会给我们带来方便，比如在线观看视频、玩游戏、购物、和朋友聊天，等等。这些都属于互联网的应用。那么，计算机网络是什么？计算机网络是如何形成的？它如何支持我们每天使用的游戏、观看视频、购物等互联网应用呢？在随后的章节中将逐一回答这些问题。

1.1　计算机网络的发展史

1.1.1　国外发展史

1. 互联网的起源

最早推动互联网发展的动力是美国的冷战思维。作为对苏联 1957 年发射的第一颗人造地球卫星 Sputnik 的直接回应，以及苏联卫星技术潜在的军事用途所引起的恐惧，美国国防部组建了高级研究计划局（ARPA）。当时，为确保美国本土防御部队和海外防御部队在苏联第一次核打击后仍具有一定的生存和反击能力，美国国防部认为有必要设计一种分散的指挥系统：它由分散的指挥点组成，当部分指挥点被摧毁时，其他点仍将正常工作，而这些点能够绕过那些已被摧毁的指挥点而继续保持联系。为了对这一构思进行验证，1969 美国国防部委托开发 ARPANET（阿帕网）并进行联网的研究。

同年，美国军方根据 ARPA 达成的协议，将位于加利福尼亚大学、斯坦福大学研究学院和犹他州大学的四台主要计算机连接起来，如图 1-1 所示。相对于目前的网络水平而言，这个最早的网络似乎非常原始，传输速度太慢，无法接受。但是，Apache 的四个节点及其链接已经具备了网络的基本形式和功能，这些节点可以互相发送小的文本文件（当时，这种文件被称为电子邮件）。因此，ARPANET 的诞生通常被认为是互联网的起源。

然而，在阿帕网出现的时候，大多数计算机是不兼容的。因此，如何使不同计算机的硬件和软件实现真正的互联，是人们试图解决的问题。在这个过程中，温顿・瑟夫（Vint Cerf）为此做出了重要贡献，因而被称为“互联网之父”。

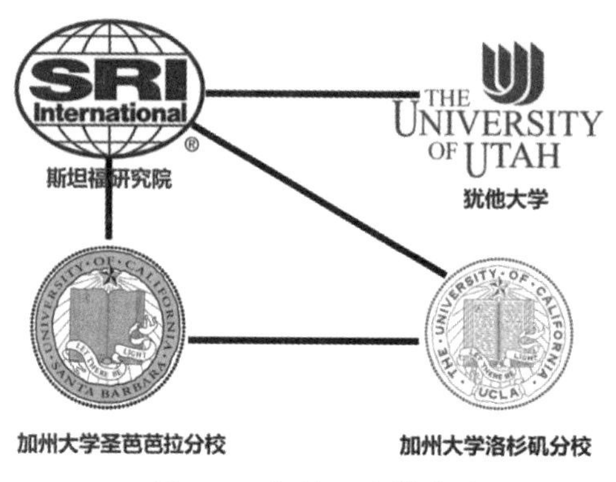

图 1-1　阿帕网连接方式

2. TCP/IP 协议的产生

随着 Apache 的不断扩大，世界各地的计算机相继进入 Apache。但不同国家、不同领域和不同地区的网络都有自己的标准，就像每个国家都有自己的语言一样。为了让这些遵循不同标准的网络如何打开大门，相互接纳，形成一个统一的网络——互联网，美国温顿・瑟夫（Vint Cerf）提出了一个想法：在每个网络中使用自己的通信协议，在与其他网络通信时使用 TCP/IP（传输控制协议/网际协议）协议。这一思想最终促成了 Internet 的诞生，确立了 TCP/IP 协议在网络互联中不可动摇的地位。基于 TCP/IP 协议的公用网络的发展促进了 Internet 的发展。1983 年，TCP/IP 协议成为 ARPANET 上的标准协议，使得所有使用 TCP/IP 协议的计算机都可以利用 Internet 进行通信，因此人们将 1983 年视为 Internet 的诞生时间。

视频链接：TCP/IP 成为人类至今共同遵循的网络传输控制协议

https://v. qq. com/x/page/do3438560 of. html

3. 互联网的形成与发展

20 世纪 90 年代，随着计算机价格的下降、性能的提高和各种应用的出现，计算机的普及程度越来越高。在商业应用的推动下，互联网迅速发展，其规模不断扩大，用户不断增加，电子邮件、万维网（Web）等信息传播方式迎来了前所未有的发展，互联网已经渗透到社会生活的方方面面，深刻地影响着人们的工作、学习和生活方式。

4. 后互联网时代（移动互联网和物联网）

互联网的普及和发展对通信和电视广播产生了翻天覆地的影响。曾经在通信领域占据主导地位的电话网和广播电视网，已经逐渐被 IP 网所取代。通过 IP 网络，人们可以实现电话通信、电视广播等通信能力。而且，随着科技的发展，互联网设备已经不仅仅局限于计算机，而是延伸到手机、家电、游戏机等产品上。后互联网时代的物联网登上舞台，将给人类生活带来翻天覆地的变化。

如果说互联网的作用是扩大信息社会人与人之间信息共享的广度，移动互联网是扩大信息共享的深度和灵活性，那么物联网就是扩大人与人、物与物之间的互联互通，使人类对外界的感知更加全面，互联互通更加广泛，处理更加智能化。

视频链接：互联网上传播的内容形式是如何一步一步丰富的？
https://tv.sohu.com/v/dXMvMzM1OTQyNzM0LzExNzY0OTEzMy5zaHRtbA==.html

1.1.2 国内发展史

我国最早着手建设专用计算机广域网的是铁道部（现改为中国国家铁路集团有限公司）。铁道部从 1980 年开始进行计算机联网试验。1989 年 11 月，中国第一个公用分组交换网 CNPAC 投入运营。20 世纪 80 年代末，公安、银行、军队等部门也建立了自己的计算机专用广域网。这对重要数据信息的快速传输起着重要作用。另一方面，20 世纪 80 年代以来，国内许多单位都安装了大量的局域网。局域网价格便宜，所有权和使用权归单位所有，便于开发、管理和维护。局域网的迅速发展，对各行各业的管理现代化和办公自动化起到了积极的作用。

1994 年 4 月 20 日，NCFC 项目（中国科学院主办，北京大学、清华大学联合实施的中关村区域教育科研示范网络项目）通过美国 Sprint 公司接入互联网的 64K 国际专线开通，实现了全功能互联网连接。从那时起，中国被正式认定为互联网功能齐全的国家。该事件被中国新闻界评为 1994 年中国十大科技新闻之一，并被《国家统计公报》列为 1994 年中国重大科技成果之一。同年 5 月，中国科学院高能物理研究所建立了我国第一台万维网服务器。同年 9 月，CHINANET 正式上线。至此，我国已先后建成一批基于互联网技术、能够与互联网互联的全国公共计算机网络，如图 1-2 所示，其中最大的五大网络如下：

（1）中国电信互联网 CHINANET（也就是原来的中国公用计算机互联网）；
（2）中国联通互联网 UNINET；
（3）中国移动互联网 CMNET；
（4）中国教育和科研计算机网 CERNET；
（5）中国科学技术网 CSTNET。

中国互联网络信息中心 CNNIC（China Network Information Center）每年两次公布我国互联网的发展情况。读者可在其网站 http://www.cnnic.net.cn/上查到最新的和过去的历史文档。CNNIC 把过去半年内使用过互联网的 6 周岁及以上的中国居民称为网民。1997 年 11 月，中国互联网络信息中心（CNNIC）发布了第一次《中国互联网络发展状况统计报告》：截止到 1997 年 10 月 31 日，中国共有上网计算机 29.9 万台，上网用户数 62 万，CN 下注册的域名 4 066 个，WWW 站点约 1 500 个，国际出口带宽 25.408 MB。经过 20 多年的发展中国的互联网已经发生了翻天覆地的变化，2022 年 2 月 25 日中国互联网络信息中心(CNNIC)发布了第 49 次《中国互联网络发展状况统计报告》：截止到 2021 年 12 月，我国网民规模达 10.32 亿，其中手机网民规模达 10.29 亿，域名总数达 3593 万个。

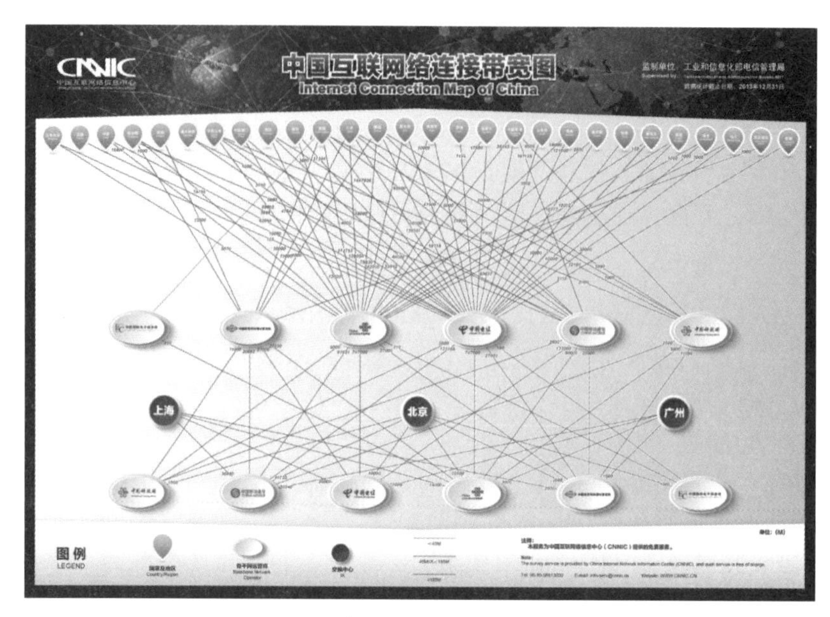

图 1-2　中国互联网连接带宽图

视频链接：见证四十年：中国互联网的诞生
http://v.kepu.cn/video/play_3559.html

1.2　计算机网络的相关概念

1.2.1　什么是网络

网络起源于 18 世纪，欧拉向圣彼得堡科学院递交了《哥尼斯堡的七座桥》的论文，在解答问题的同时，开创了数学的一个新的分支——图论与几何拓扑，由此展开了数学史上的新历程，也为网络科学的研究打下坚实的基础，如图 1-3 所示。

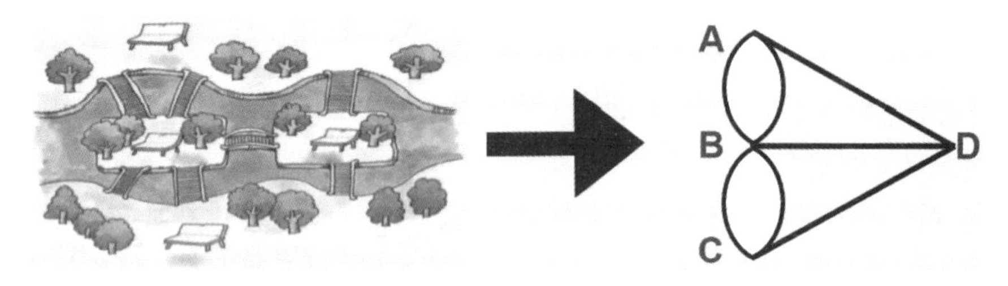

图 1-3　《哥尼斯堡的七座桥》几何拓扑图

最简单形式的网络，可以表示成点和连接点之间的线的集合，节点的边数总和叫作度，如图 1-3 中 C 点的度为 3。在各个领域中，有很多研究对象都可以抽象成网络，比如计算机网络、物流网络、交通网络、社会关系网络、论文引用网络，等等。

我们以社交网络为例，社交网络是典型的复杂网络，具有无标度、小世界等特性。假设社交网络中的节点代表人，连线代表两个人之间是好友关系，如图 1-4 所示，我们就不难理解，为什么宋江会成为梁山好汉的首领了。

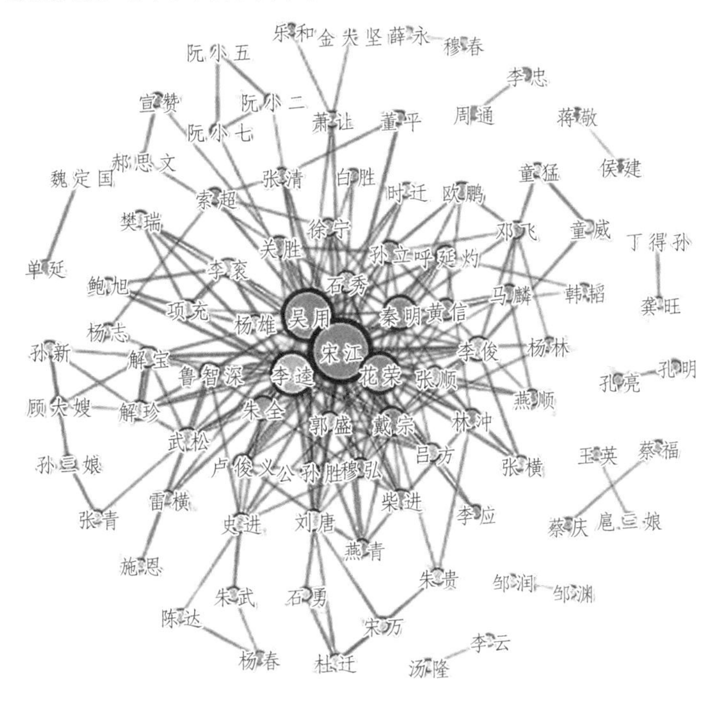

图 1-4　宋江人物网络关系图

而在计算机网络中，每一个节点表示一台终端设备（如服务器、个人计算机、平板、手机等），每一条线表示一条连接线路（可以是有线，也可以是无线）。如图 1-5 所示是一个典型的校园网网络结构图，每一个网络设备可以表示为一个节点，网络线缆可以表示为线。

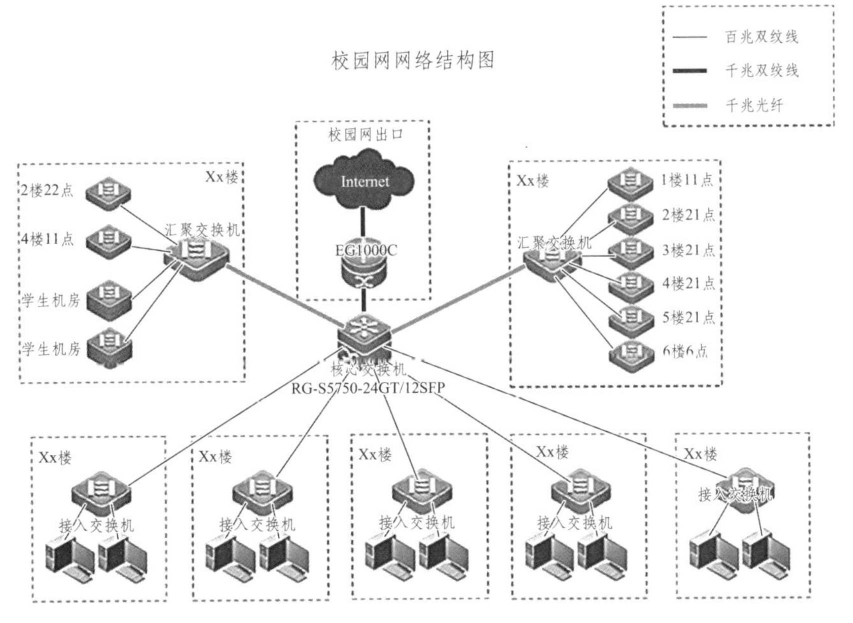

图 1-5　校园网网络机构图

思考：除了上述提到的实例，我们生活中还有哪些对象，可以通过所学的知识，把它们抽象为网络呢？比如计算机网络、物流网络、交通网络、社会关系网络、历史关系网络、论文引用网络、生物捕食网络，等等。

1.2.2 什么是计算机网络

计算机网络是指将地理位置不同的具有独立功能的多台计算机及其外部设备，通过通信线路连接起来，在网络操作系统、网络管理软件及网络通信协议的管理和协调下，实现资源共享和信息传递的计算机系统。

我们首先来看一个最简单的网络，如图 1-6 所示：

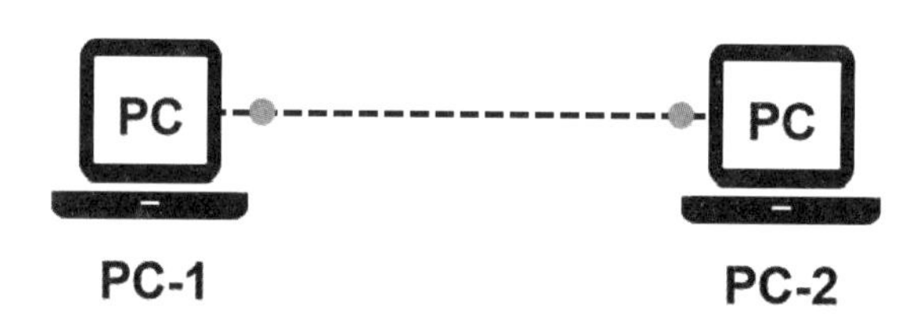

图 1-6　两台计算机网络连接图

如果要组成两个以上设备连接的网络应该怎么办呢？这就需要增加一个网络设备了，比如下图 1-7 就用了一个网络设备——交换机，把 4 台计算机连接成一个复杂一点的网络。

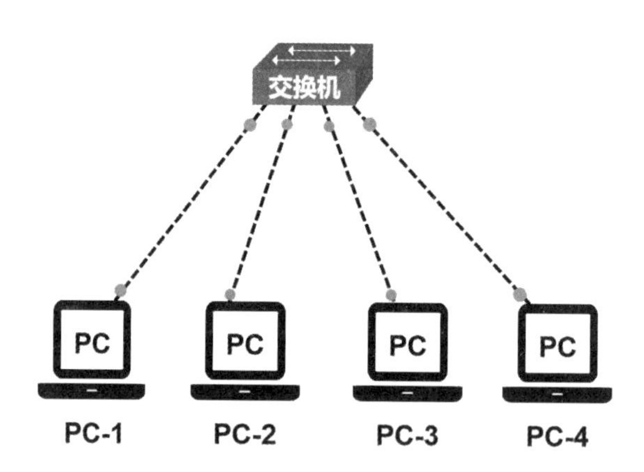

图 1-7　多台计算机连接的网络

1.2.3 什么是互连网

以小写字母 i 开始的 internet（互连网）是通用名词，它泛指由多个计算机网络互连而成的网络。这些网络之间的通信协议（即通信规则）可以是任意的。如图 1-8 所示，通过一个网络设备——网关（路由器），把两个网络连接起来。就好比网络与新媒体 1 班是一个网络，1 班的每个同学就是该网络中的一台计算机，而网络与新媒体 2 班又是一个网络，当把这两个网络连接起来后，就组成了一个新的网络——网络与新媒体专业。

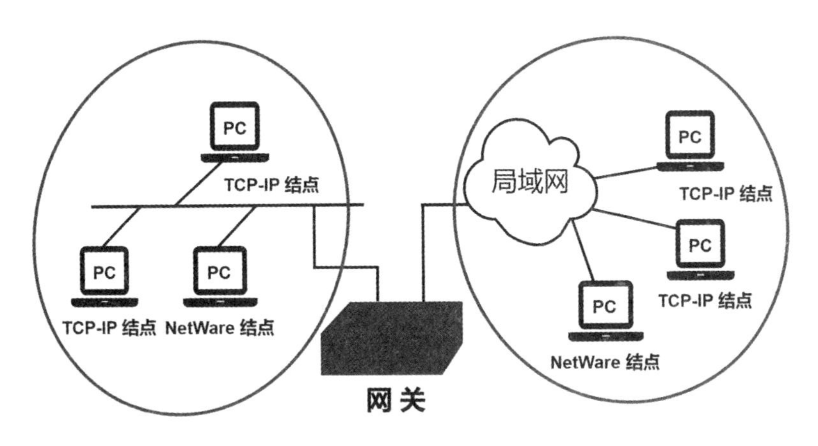

图 1-8 网关连接的两个网络

1.2.4 什么是互联网

以大写字母 I 开始的 Internet（互联网）是专用名词，它指当前全球最大的、开放的、由众多网络相互连接而成的特定互连网，并采用 TCP/IP 协议族作为通信标准，其前身是美国的 ARPANET。Internet 的推荐译名是“因特网”，但很少被使用。

我们以交通网络为例来认识互联网。企业或者校园网就好比学校内部、企业内部或者小区内部的交通线路，它们把内部的建筑（计算机网络中的计算机）连接起来构成一个网络。然后再连接到地区主干网，而地区主干网就好比城市交通线路，它把城市内的企业、学校、小区等连接起来。最后再连接到国际或国家主干网，国际或国家主干网就好比城市与城市之间、或者国家与国家之间的交通线路。最终，通过一层一层的交通线路，把全世界连接起来，如图 1-9 所示。

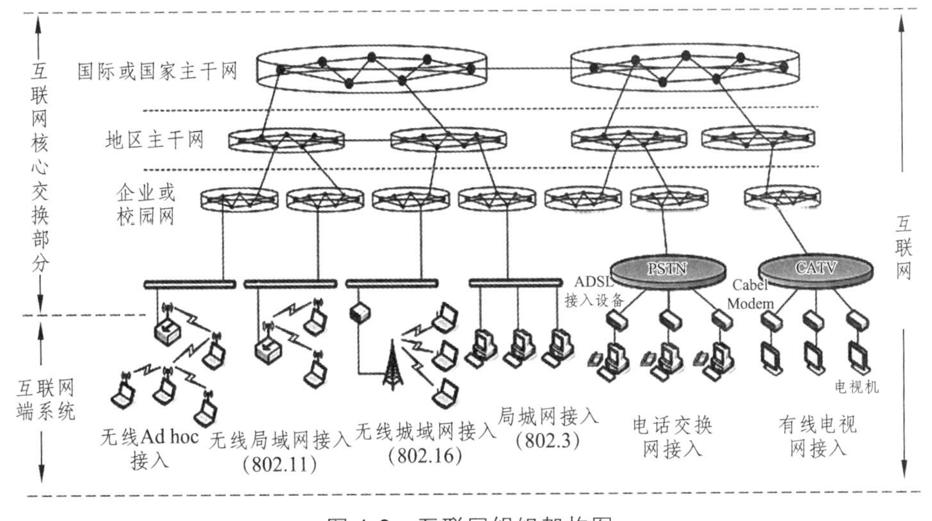

图 1-9 互联网组织架构图

视频链接：互联网是如何工作的?

https://www.bilibili.com/video/av20009618/?p=1

https://www.bilibili.com/video/av286943?from=search&seid=11378625377890635987

1.2.5 什么是局域网

局域网就是局部地区形成的一个区域网络，其特点就是分布地区范围有限，可大可小，大到一栋建筑楼与相邻建筑之间的连接，比如校园网，而小到可以是办公室之间的联系，比如 SOHO 网络。局域网自身相对其他网络传输速度更快，性能更稳定，框架简易，并且是封闭性的，这也是很多机构选择局域网的原因。局域网大体由计算机设备、网络连接设备、网络传输介质 3 大部分构成。如图 1-10 所示就是一个典型的家庭局域网，计算机、笔记本、手机、pad 通过路由器组成了一个 SOHO 网络。

图 1-10　家庭局域网连接图

1.3 计算机网络的工作原理

1.3.1 分层思想

计算机网络是一个非常复杂的系统。为了说明这一点，可以设想一种最简单的情况：连接在网络上的两台计算机要互相传送文件。

显然，在这两台计算机之间必须有一条传送数据的通路。但这还远远不够。至少还有以下几项工作需要去完成：

（1）发起通信的计算机必须激活数据通信的通路。所谓“激活”就是要发出一些信令，保证要传送的计算机数据能在这条通路上正确发送和接收。

（2）要告诉网络如何识别接收数据的计算机。

（3）发起通信的计算机必须查明对方计算机是否已开机，并且与网络连接正常。

（4）发起通信的计算机中的应用程序必须弄清楚，对方计算机中的文件管理程序是否已做好接收文件和存储文件的准备工作。

（5）若计算机的文件格式不兼容，则至少其中一台计算机应完成格式转换功能。

（6）对出现的各种差错和意外事故，如数据传送错误、重复或丢失、网络中某个节点交换机出现故障等，应当有可靠的措施保证对方计算机最终能够收到正确的文件。

还可以列举出一些要做的其他工作。由此可见，相互通信的两个计算机系统必须高度协调工作才行，而这种"协调"是相当复杂的。为了设计这样复杂的计算机网络，早在最初的ARPANET设计时即提出了分层的方法。"分层"可将庞大而复杂的问题，转化为若干较小的局部问题，而这些较小的局部问题就比较易于研究和处理。

那么什么是分层思想呢？

分层思想：对于复杂的问题，通常是采用分解为若干个容易处理、小一些的问题，"化整为零，分而治之"的方法去解决。

我们先以去饭店吃饭为例来理解分层思想，比如顾客去饭店吃饭，面对的肯定是服务员，顾客对服务员说我要吃什么什么。服务员得知顾客的请求之后，就跟厨师说你给我做这些菜，厨师（巧妇难为无米之炊）对采购员说你去超市买这些原料过来，采购员接受任务后就按厨师的要求去超市采购原料，如图1-11所示。

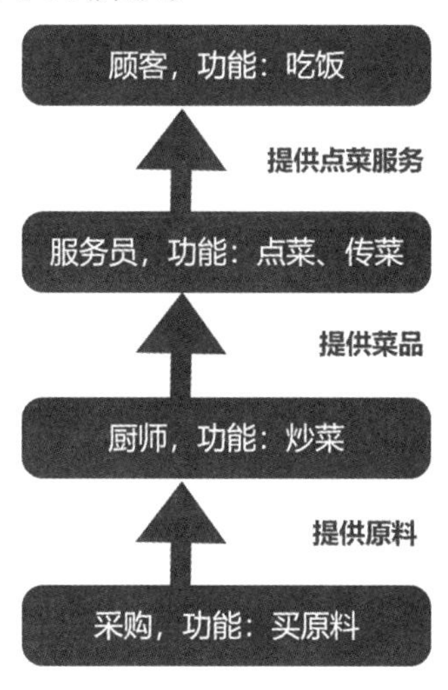

图1-11　饭店吃饭的分层思想

从图1-11我们能看到，每一层完成了一定的功能，并且向它的上一层提供了服务，然后一层一层地连接起来，最终每个人只需要完成自己很简单的工作（功能），就能使整个饭店正常运转。

如果不使用分层思想设计的话，比如是一个路边摊，顾客上来直接跟服务员（这个服务员既是老板娘也是厨师，她啥都干）说我要什么什么菜，服务员就得自己买菜、自己做菜，然后再自己端菜服务顾客。

我们再以快递为例，简单地把快递体系分为四层，使用者、快递员、快递网点、物流中心。使用者填好快递单，然后把快递交给快递员，快递员把快递拿回网点，网点把快递送到物流中心，物流中心根据快递单上的收货地址把同地址的快递打包送到另一个物流中心，物流中心再根据收货地址把快递分发到不同的网点，网点通过快递员把快递送到收货人手中，如图 1-12 所示。

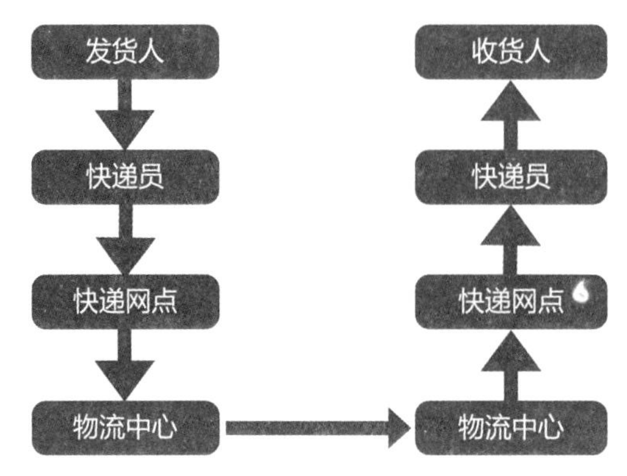

图 1-12　快递业务分层思想

就这样，通过分层思想把复杂的问题简单化，形成了一个完善的体系。

要理解一个体系是如何正常有序地进行，还需要了解以下几点。

（1）协议：协议是一种通信规则，要保证邮政通信系统正常有序进行，就必须遵守相关协议。比如，快递单的书写规范就是协议。

（2）层次：把复杂的问题分解成若干容易处理、小一些的问题，不同的层次解决不同的问题。比如，快递体系中，“使用人”这一层的功能是发货或者收货；“快递员”这一层的功能是把快递从发货人送到快递网点，或者相反。

（3）接口：接口泛指实体把自己提供给外界的一种抽象化物，用以由内部操作分离出外部沟通方法，使其能被内部修改而不影响外界其他实体与其交互的方式。低层通过接口向高层提供服务，比如，使用人通过接口（快递单）来发货或者收货。大家也可以想一想：人与计算机的接口，人与汽车的接口是什么呢？

（4）通过分层思想设计的网络体系结构有如下特点：

① 层与层之间相互独立又有一点联系，高层不需要知道低层如何实现，只需要通过接口就可以获取服务。

② 灵活性好，如果某一层实现功能发生变化，只要接口不变，就不会有影响。

③ 易于实现标准化，把一个复杂的问题简化为许多简单的小问题，更利于问题的解决。

计算机网络是一个复杂的系统。要保证计算机网络有条不紊地工作，就必须制定一系列的通信协议。每种协议针对特定的情况，解决问题。这些为计算机网络中进行数据交换而建立的规则、标准或约定的集合称为网络协议。

1.3.2　OSI 参考模型

随着网络的发展，很多计算机公司都提出了自己的网络体系结构，而且每个公司都采用了分层的体系结构，但是在层次的划分、功能分配以及技术实现上差异很大。这些采用不同网络体系结构与协议的网络称为异构网络，它们相互连接十分困难。在此背景下，国际标准化组织发布了开放系统互连（Open System Internetwork，OSI）参考模型。

OSI 参考模型中的“O”（Open，表示开放、自由），指的是一台联网的计算机只要遵循 OSI 标准，就可以和世界上任何地方、遵循同样协议的其他任何一台联网计算机进行通信，就好比，只要遵守交通规则的人、车都可以在公路上运动一样。

OSI 参考模型定义了每层所提供的服务，但是并不涉及接口的具体实现方法。就好像交通规则中使用红绿灯来指导十字路口的交通，至于红绿灯是挂在空中还是放在地上，这些具体的实现方法交通规则并不涉及。

OSI 参考模型包含了 7 层，每一层完成各自的功能，并为上一层提供服务，如图 1-13 所示。

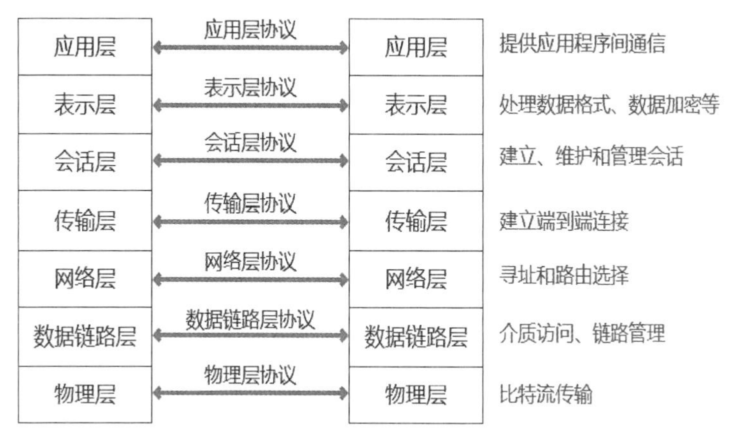

图 1-13　OSI 参考模型

OSI 参考模型数据的传输过程：如图 1-14 所示，数据由传送端的最上层（通常是指应用程序）产生，由上层往下层传送。每经过一层，都在前端增加一些该层专用的信息，这些信息称为报头，然后才传给下一层。可将加上报头想象为套上一层信封，因此到了最底层时，原本的数据已经套上了七层信封，而后通过网线、电话线、光纤等介质，传送到接收端。

接收端接收到数据后，从最底层向上层传送，每经过一层就拆掉一层信封（即去除该层所认识的报头），直到最上层，数据便恢复成当初从传送端最上层产生时的原貌。

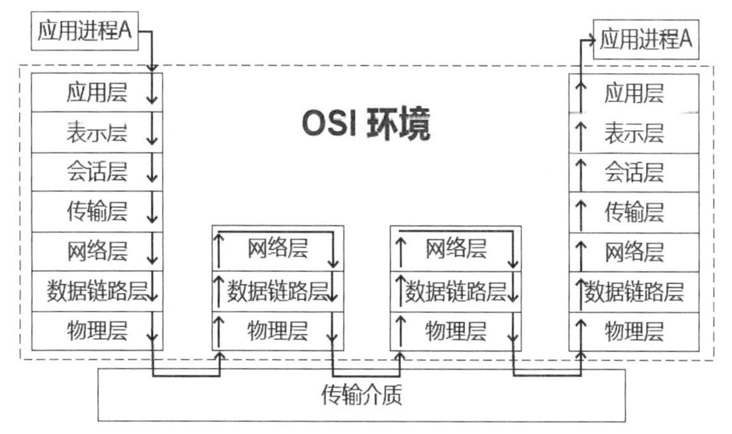

图 1-14　OSI 参考模型的数据传输流图

1.3.3 TCP/IP 参考模型

OSI 参考模型有 7 个层次，每个层次功能清晰、齐全，但 OSI 参考模型仍处于模型阶段，不是一个完全被接受的国际标准和商业采用的模型。OSI 参考模型结合了服务和协议的定义，使整个系统变得复杂和难以实现。目前，广泛的商业架构是 TCP/IP 协议。正是由于 TCP/IP 协议的广泛应用，它对网络技术的发展产生了巨大影响，成为当今互联网的基石。

TCP/IP 参考模型分为四层，分别是应用层、传输层、网际层、网络接口层，TCP/IP 参考模型和 OSI 参考模型的对应关系如图 1-15 所示。

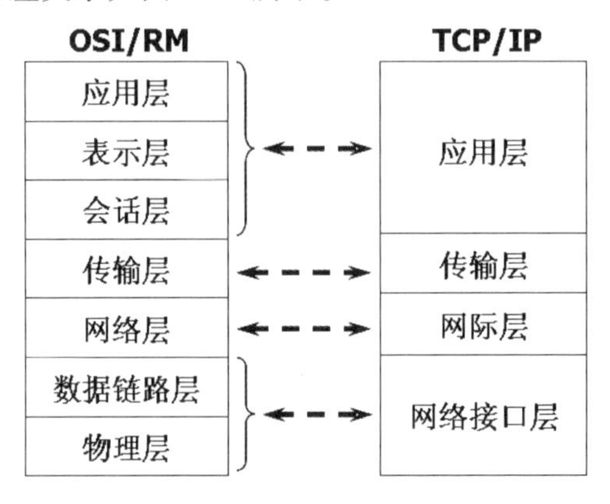

图 1-15 TCP/IP 参考模型和 OSI 参考模型

本章小结

本章首先介绍了计算机网络的发展史，然后讲解了计算机网络的基本概念，再运用分层思想对计算机网络体系结构进行解剖，以便读者深刻地理解计算机网络的工作原理。

习 题

1. 计算机网络的目的是什么？

2. ____是世界上第一个使用分组交换技术的网络，是全球互联网的前身。

3. 简述计算机网络的定义？

4. 在计算机网络中，计算机之间或者计算机与终端之间为了通信而建立的规则、标准或约定称为_____。

5. 在 OSI 参考模型中，从上到下，分别是哪些层？

6. 网络体系结构采用了层次结构的方式，这种方式具有哪些优点？

7. 目前因特网（互联网）采用的网络协议是_______。

8. 请通过所学的网络知识，把身边的对象抽象为网络，比如计算机网络、物流网络、交通网络、社会关系网络、论文引用网络，等等。

第 2 章　计算机网络的家庭成员

2.1　传输介质

为了实现计算机网络中计算机之间的数据通信，我们首先需要实际传输信息的载体和通信中的数据通信介质。传输介质，可分为有线和无线两类：双绞线、同轴电缆和光纤是常用的有线传输介质，而微波、红外和激光是无线传输介质。无线传输介质可以将数据、声音、图像等转换成电磁波在自由空间传播。

2.1.1　双绞线

无论是模拟数据传输还是数字数据传输，最常见的传输介质是双绞线。它由若干绝缘导体组成，按一定的螺旋结构排列和缠绕在一起。芯中的大部分铜线被包裹在塑料橡胶绝缘的外层。双绞线可以减少彼此之间的辐射电磁干扰。计算机网络中常用的双绞线是由四对线（8 芯，RJ-45 连接器）在一定密度下缠绕在一起的。

双绞线根据是采用金属编织层还是塑料橡胶外皮包裹，可分为屏蔽双绞线电缆（Shielded Twisted Pair，STP）和非屏蔽双绞线电缆（Unshielded Twisted Pair，UTP）。图 2-1 所示的每对 UTP 电缆的扭转力矩与所能抵御的电磁辐射干扰成正比，并采用滤波和对称技术，具有体积小、安装简单的特点。图 2-2 所示的 STP 只是在包络层上增加了箔屏蔽层，可以有效降低串扰、电磁干扰和射频干扰，其中大部分是屏蔽金属铝箔双绞线电缆。 STP 电缆还有一根漏线，主要用于连接接地装置，排出金属屏蔽电荷，去除线路间的干扰。

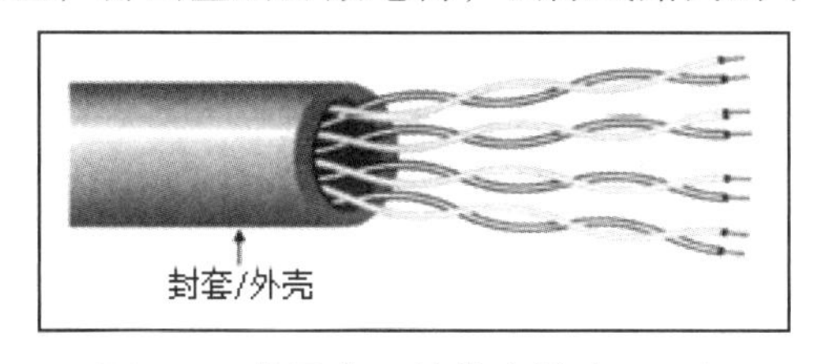

图 2-1　非屏蔽双绞线电缆（UTP）

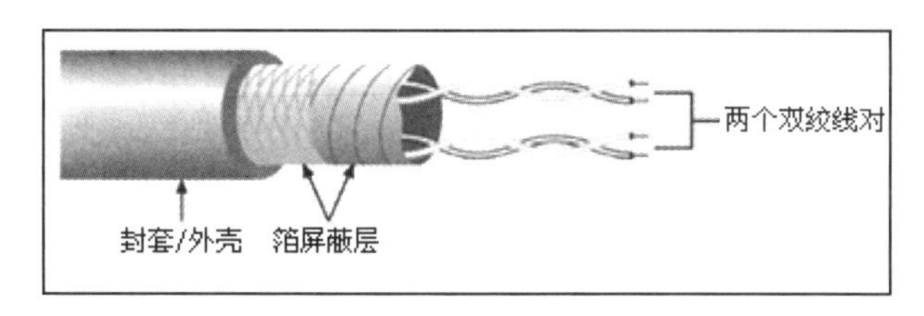

图 2-2　屏蔽双绞线电缆（STP）

2.1.2 同轴电缆

同轴电缆由中空外圆柱形导体和位于中轴线上的内导体组成，内导体、圆柱形导体和圆柱形导体用绝缘材料隔开，如图 2-3 所示。同轴电缆具有抗干扰能力好、数据传输稳定、价格低廉等特点，也广泛应用于闭路电视线路等。

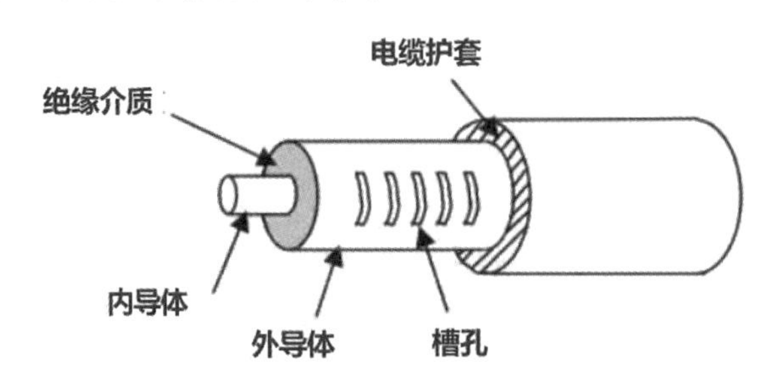

图 2-3 同轴电缆

同轴电缆可分为基带同轴电缆和宽带同轴电缆。目前基带电缆是一种常用的电缆，其屏蔽线由铜网构成，其特性阻抗为 50 Ω（如 RG-8、RG-58 等）；宽带同轴电缆的屏蔽层通常由铝构成，其特性阻抗为 75 Ω（如 RG-59 等）。

同轴电缆按其直径可分为粗同轴电缆和细同轴电缆。粗同轴电缆适用于大型局域网，其标准距离长，可靠性高，因为在安装过程中不需要切断电缆，所以计算机进入网络的位置可以根据需要灵活调整，但粗电缆网络必须安装收发信机电缆，很难安装，总体成本较高。相反，细电缆安装相对简单、成本低，但由于安装过程中要切断电缆，两端必须安装基本网络连接器（BNC），然后连接到 T-连接器两端，所以当连接器较大时，容易产生不良隐患，这是当前以太网运行中最常见的故障之一。

细电缆直径 0.26 cm，最大传输距离 185 m，使用时与 50Ω端子电阻、T 形连接器、BNC 连接器和网卡相连，线杆价格和连接器成本相对低廉，不需要购买集线器和其他设备。它非常适合建立具有较集中终端设备的小型以太网。电缆的总长度不应超过 185 m，否则信号会严重衰减。细电缆的阻抗为 50 Ω。

粗电缆（RG-11）的直径为 1.27 cm，最大传输距离为 500 m。由于 RG-11 连接器直径大，不灵活，不适合在狭窄的室内环境中安装，RG-11 连接器的制作方式复杂得多，不能直接与计算机连接。它需要通过适配器转换为 AUI 连接器，然后连接到计算机。由于粗电缆的强度强，最大传输距离比细电缆大，因此，粗电缆的主要目的是发挥网络骨干的作用，用于连接由细电缆构成的多个网络。粗电缆的阻抗为 75 Ω。

半刚性同轴电缆：这种电缆由于传输损耗小，很少用于通讯发射机内部的模块连接，但也有一些缺点，如硬度高，不易弯曲。

目前同轴电缆中的，粗电缆和细电缆都是用于总线拓扑结构，即多台机器连接在一根电缆上，适用于机器密集的环境，但一旦触点失效，故障将影响整个电缆上的所有机器，故障诊断和维修都很麻烦，因此将逐渐被无屏蔽的双绞线或光缆所取代。

2.1.3 光纤线缆

光纤是光纤线缆的缩写，它由导电石英玻璃纤维加外保护层组成，如图 2-4 所示。与金属丝相比，它具有重量轻、丝径细的特点。

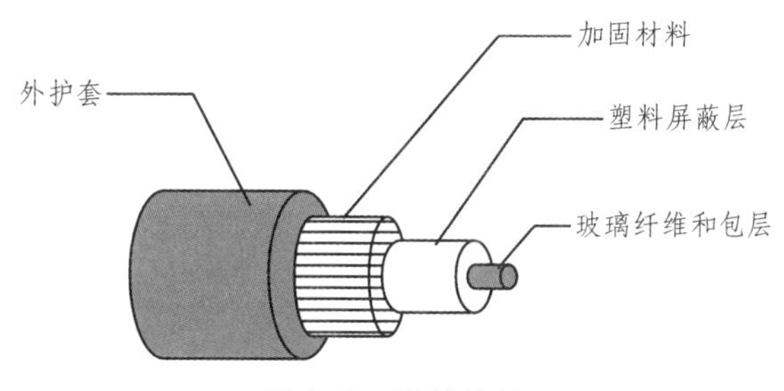

图 2-4 光纤结构

当电信号通过光纤传输时，首先在发射端将电信号转化为光信号，接收端的光电探测器将光信号还原为电信号。光纤的电信号传输过程如图 2-5 所示。

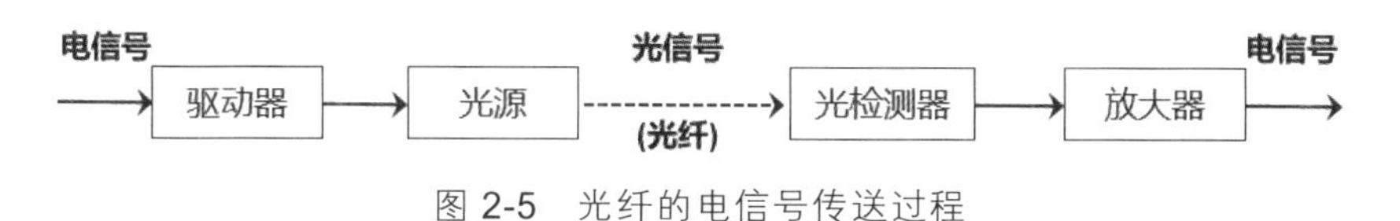

图 2-5 光纤的电信号传送过程

2.1.4 无线传输介质

无线传输介质是指利用大气和外层空间作为传播电磁波的途径，由于信号频谱和传输介质技术的不同，主要包括无线电、微波、卫星微波、红外等。各种通信介质对应的电磁频谱范围如图 2-6 所示。

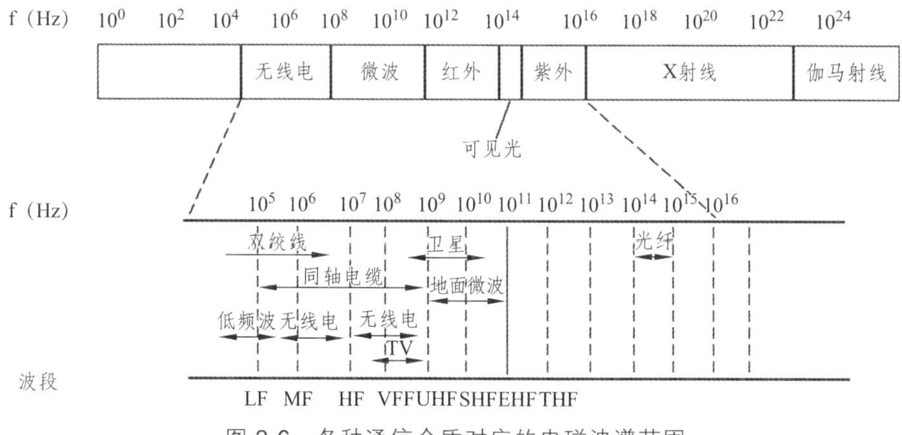

图 2-6 各种通信介质对应的电磁波谱范围

无线传输介质通过空间传输，不需要架设或铺设埋地电缆或光纤，这给建设带来了极大的便利。目前常用的无线传输技术有：微波通信和卫星通信。

1. 微波通信

微波通信的载波频率通常在 2 ~ 40 GHz 之间。由于频率高，可以同时传输多通道信息。例如，具有 2 MHz 的频带可容纳 500 条话音线，可用于以每秒数兆位的速率传输数字信号。微波通信不同于短波通信，它的工作频率很高，不同于短波通信，信号是沿着一条直线传播的。由于地球表面是一个曲面，所以微波传播的距离是有限的。直接传播距离与天线的高度有关。天线越高，传播距离就越远。一般来说，由于地球曲面的影响以及空间传输的损耗，每隔 50 km 左右，就需要设置中继站，将电波放大转发而延伸。

2. 卫星通信

卫星通信是微波通信的一种特殊形式。卫星通信以地球同步卫星为中继，传输微波信号。卫星通信可以克服地面微波通信距离的限制。一颗地球卫星可以覆盖 1/3 以上的地球表面，三颗这样的卫星可以覆盖地球所有的通信区域，这样地球上所有的地面站都可以相互通信。由于卫星通信的频带较宽，也可以采用复用技术将其分成若干子信道，一部分用于从地面站到卫星的传输，称为上行信道，一部分用于从卫星到地面的传输，称为下行信道。对于几万英里高的卫星，按照 200 m/μs 的信号传播速度，从发送站到接收站的传播延时需要几百毫秒，与地面电缆的传播延时时间相差几个数量级。

2.2 网络设备

网络的物理连接是通过网络设备和传输线路实现的。网络设备非常重要，它直接影响网络的性能，本节将介绍常见的网络设备，包括集线器（hub）、交换机（switch）和路由器（router）。

2.2.1 集线器

1. 认识集线器

集线器是一种网络连接设备，它应用于使用星型拓扑结构的网络中，连接多台计算机或其他设备。集线器是最底层的网络设备。它起的作用主要有两个：一个是把信息放大，另一个就是把机器集中起来。集线器发送数据时都是没有针对性的，而是采用广播方式发送。也就是说当它要向某节点发送数据时，不是真接把数据发送到目的节点，而是把数据包发送到与集线器相连的所有节点。

现今 HUB 已经很少用，被性能更好的交换机给取代了。图 2-7 显示了一个标准的 24 端口集线器。

图 2-7　24 端口集线器

2. 集线器的分类

集线器有多种类型，各个种类具有特定的功能、提供不同等级的服务。

（1）按总线带宽的不同，集线器分为 10 M、100 M 和 10 M/100 M 自适应三种；

（2）按配置形式的不同，可分为独立型、模块化和堆叠式三种；

（3）按端口数目的不同，主要有 8 口、16 口、24 口和 32 口几种；

（4）按工作方式不同，可分为智能型和非智能型两种。

2.2.2　交换机

交换机是一种用于信号转发的网络设备。它与集线器广播不同，它维护一个 MAC 地址表，为访问交换机的任何两个网络节点提供唯一的电信号路径。

交换机的主要功能包括物理寻址、网络拓扑结构、差错检测、帧序列和流量控制。此外，交换机还支持虚拟局域网（VLAN）、链路融合支持，甚至防火墙功能。如图 2-8 所示为交换机的外观示意图。

图 2-8　交换机

1. 交换机的作用

（1）端口带宽的独享。

无论集线器有多少端口，所有端口共享一个带宽，只有两个端口可以同时传输数据，其他端口只能等待。交换机最突出的特点是独享端口带宽。多个端口对之间的数据传输可以同时进行。每个端口是一个单独的冲突域，连接到它的网络设备可以自己享受所有带宽，不需要与其他设备竞争使用。

当节点 A 向节点 D 发送数据时，节点 B 可以同时向节点 C 发送数据，两种传输都享有网络的所有带宽，并具有自己的虚拟连接。假使这里使用的是 100 Mb/s 的以太网交换机，那么该交换机这时的总流通量就等于 2 × 100 Mb/s = 200 Mb/s，而使用 100 Mb/s 的共享式集线器时，一个集线器的总流通量也不会超出 100 Mb/s。

（2）识别 MAC 地址，并完成封装转发数据包。

交换机可以识别 MAC 地址并将其存储在内部地址表中。通过在数据帧的始发方和目标接收方之间建立临时交换路径，数据帧可以直接从源地址到达目标地址。

（3）网络分段。

使用具有 VLAN 功能的交换机，网络可以被“分段”，通过比较地址表，交换机只允许必要的网络流量通过交换机。通过对交换机进行过滤和转发，将通信量分成两部分，使发送到给定网段的一个主机的数据包不被传播到另一个网段。这可以有效地隔离广播风暴，减少误码和错误包的出现，并避免共享冲突。

2. 交换机的分类

（1）广义上，交换机分为广域网交换机和局域网交换机。广域网交换机主要用于电信领域，为通信提供基础平台；局域网交换机应用于局域网，用于连接计算机和网络打印机等终端设备。

（2）按传输介质和传输速率分为以太网交换机、快速以太网交换机、千兆以太网交换机、FDDI（光纤分布式数据接口）交换机、ATM（异步传输模式）交换机和令牌环交换机。

（3）就规模应用而言，可分为企业级交换机、部门级交换机和工作组级交换机等。各厂商划分的尺度并不是完全一致的，一般情况下，企业级交换机可以是机架型，部门级交换机可以是机架型（较少插槽号），也可以是固定配置型，而工作组级交换机是固定配置型（功能相对简单）。从应用规模的角度看，当作为骨干交换机时，支持 500 个以上信息点以上的大型企业应用程序的交换机是企业级交换机，支持 300 个信息点以下的中型企业的交换机是部门级交换机，支持 100 个信息点以内的交换机是工作组级交换机。

（4）从交换机的协议层出发，可以将交换机分为第二层交换机、第三层交换机和第四层交换机。第二层交换机依靠链路层中的信息（例如 MAC 地址）来完成不同端口数据之间的线路速度交换；第三层交换机具有路由功能，使用 IP 地址信息进行网络路径选择，并实现不同网络段之间的线路速度交换。第四层交换机使用传输层中每个 IP 包报头中包含的服务进程/协议进行交换和传输处理，以实现带宽分配、故障诊断和对 TCP/IP 应用程序数据流的访问控制。

2.2.3 路由器

1. 认识路由器

路由器工作在 OSI 架构的网络层，用于互连多个逻辑分离的网络，如图 2-9 所示。路由器最重要的功能可以理解为信息的转发，因此，我们称此过程为寻址过程。由于路由器是在不同的网络之间，但它不一定是信息的最终接收地址。因此，在路由器中，通常有一个路由表。根据传输网站发送的信息的最终地址，找到下一个转发地址应该是哪个网络。这就像快递公司发邮件一样，邮件不是瞬间到达最终目的地，而是通过对不同分站的分拣，不断接近最终地址，从而实现邮件的投递过程。路由器寻址过程与此类似，通过最终地址，在路由表中进行匹配，通过算法确定下一个转发地址，这个地址可以是中间地址，也可以是最终的到达地址。

图 2-9　无线路由器

2. 路由器的分类

我们可以从不同的角度对路由器进行分类。例如，从支持网络协议能力的角度，可以将路由器分为单协议路由器和多协议路由器；按工作位置的不同，可将路由器分为接入路由器和边界路由器；根据连接规模和容量的不同，可将其分为区域路由器、企业路由器和校园路由器。

3. 路由器的功能

（1）路由。路由器中有一个路由表，当连接网络上的数据包到达路由器时，路由器根据数据包中的目的地址并参考路由表，以最佳路径转发数据包。

（2）协议转换。路由器可以执行网络层和以下层之间的协议转换。

（3）实现网络层的一些功能。不同网络的数据包大小可能不同，路由器需要对数据包进行分段和组装，并调整数据包大小以满足下一个网络的要求。

（4）网络管理和安全。路由器可以监视和管理信息流，还可以过滤地址，防止错误的数据进入，从而起到“防火墙”的作用。

（5）多协议路由。路由器是与协议相关的设备，不同的路由器支持不同的网络层协议。

实验 2.1　双绞线（直通线与交叉线）的制作与测试

在计算机网络中，通常使用网线连接交换机与计算机、交换机与交换机。下面以传输介质是双绞线的网络为例，制作与测试双绞线（直通双绞线与交叉双绞线）。

【实验目的】

视频：网络制作

视频：交叉线的测试

- ➢ 掌握 RJ-45 水晶头的制作方法；
- ➢ 学会制作双绞线和直通线；

➢ 掌握网络电缆测试仪的使用方法；
➢ 学会使用测线仪对制作好的直通线和交叉线进行测试。

【实验内容】

➢ 制作直通线；
➢ 制作交叉线；
➢ 用测试仪测试网线。

【实验原理】

目前在 10BaseT、100BaseT 以及 1000BaseT 网络中，最常使用的布线标准有两个，即 EIA/TIA568A 标准和 EIA/TIA568B 标准。EIA/TIA568A 标准描述的线序从左到右依次为：绿白、绿、橙白、蓝、蓝白、橙、棕白、棕；EIA/TIA568B 标准描述的线序从左到右依次为：橙白、橙、绿白、蓝、蓝白、绿、棕白、棕，如表 2-1 所示。

表 2-1　T568A 标准和 T568B 标准线序表

标准	1	2	3	4	5	6	7	8
T568A	绿白	绿	橙白	蓝	蓝白	橙	棕白	棕
T568B	橙白	橙	绿白	蓝	蓝白	绿	棕白	棕

一条网线两端 RJ-45 头中的线序排列完全相同的网线，称为直通线（Straight Cable），直通线一般均采用 EIA/TIA568B 标准，通常只适用于计算机到集线设备之间的连接。当使用双绞线直接连接两台计算或连接两台集线设备时，另一端的线序应作相应的调整，即第 1、2 线和第 3、6 线对调，制作为交叉线（Crossover Cable），采用 EIA/TIA568A 标准。

直通线：（机器与集线器连）

　　　　1　　2　　3　　4　　5　　6　　7　　8
A 端：橙白，橙，绿白，蓝，蓝白，绿，棕白，棕；
B 端：橙白，橙，绿白，蓝，蓝白，绿，棕白，棕。

交叉线：（机器直连、集线器普通端口级联）

　　　　1　　2　　3　　4　　5　　6　　7　　8
A 端：橙白，橙，绿白，蓝，蓝白，绿，棕白，棕；
B 端：绿白，绿，橙白，蓝，蓝白，橙，棕白，棕。

【实验设备】

➢ 测线仪；
➢ 压线钳；
➢ 非屏蔽双绞线；
➢ RJ-45 水晶头。

【实验步骤】

1. 制作直通线

[步骤 1] 准备好 5 类线、RJ-45 插头和一把专用的压线钳，如图 2-10 所示。

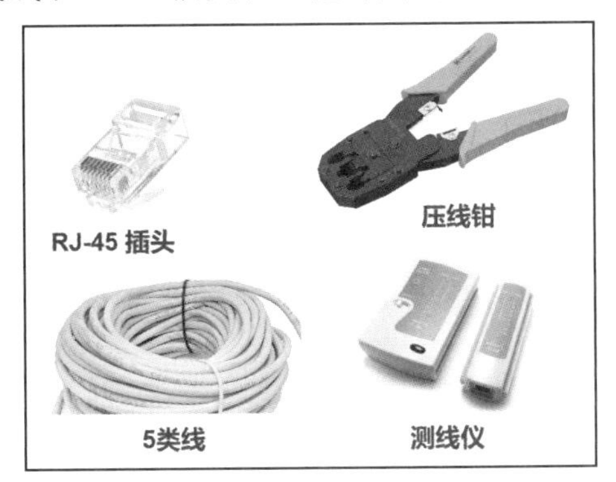

图 2-10 制作网线相关设备

[步骤 2] 用压线钳的剥线刀口将 5 类线的外保护套管划开（小心不要将里面的双绞线的绝缘层划破），刀口距 5 类线的端头至少 2 cm，如图 2-11 所示。

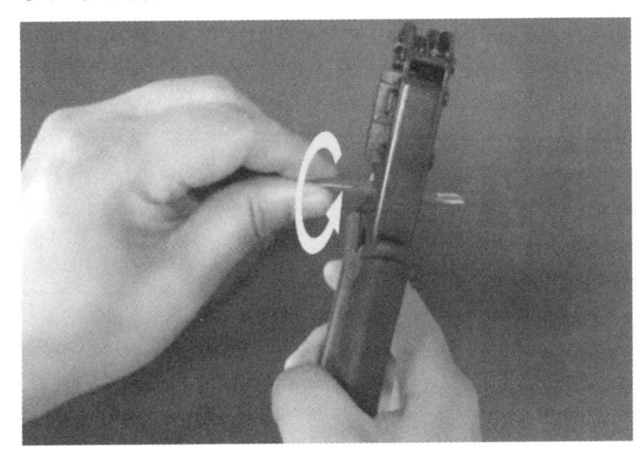

图 2-11 使用压线钳

[步骤 3] 将划开的外保护套管剥去（旋转、向外抽），如图 2-12 所示。

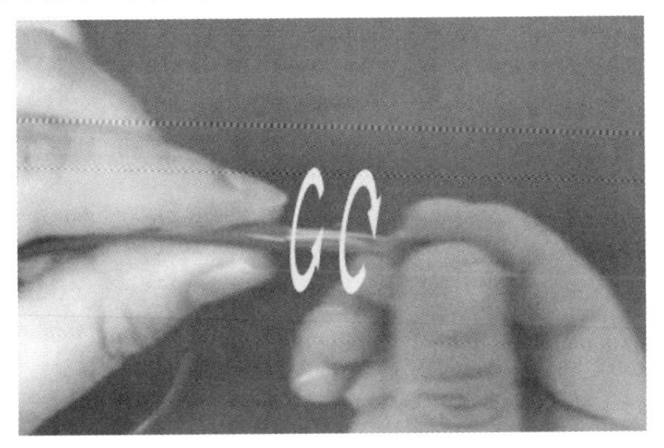

图 2-12 剥开 5 类线保护套

[步骤 4] 露出 5 类线电缆中的 4 对双绞线，如图 2-13 所示。

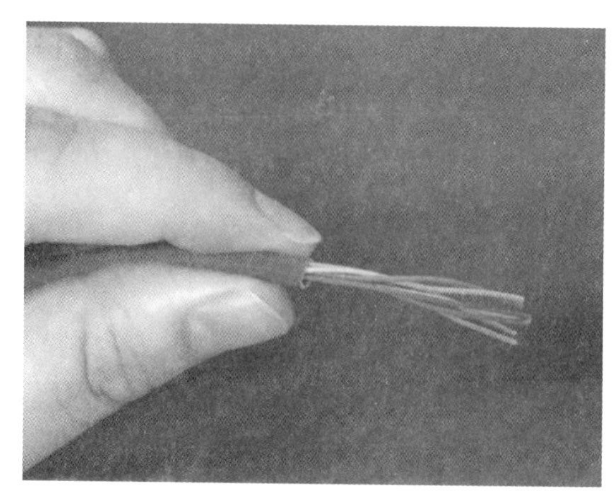

图 2-13　双绞线

[步骤 5]　按照 EIA/TIA-568B 标准和导线颜色将导线按规定的序号排好。

[步骤 6]　将 8 根导线平坦整齐地平行排列，导线间不留空隙，如图 2-14 所示。

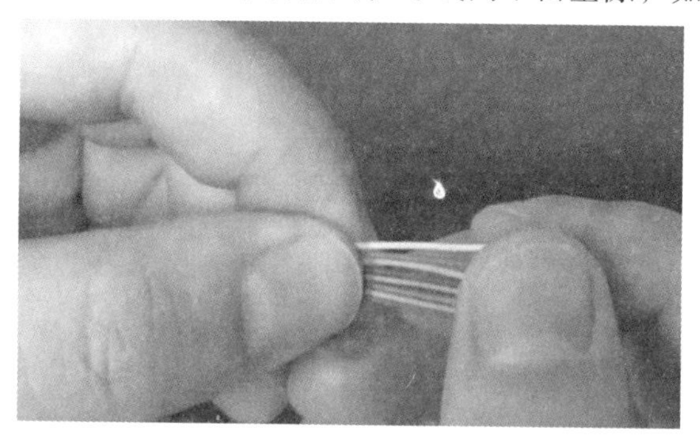

图 2-14　压平对齐双绞线

[步骤 7]　准备用压线钳的剪线刀口将 8 根导线剪断，如图 2-15 所示。

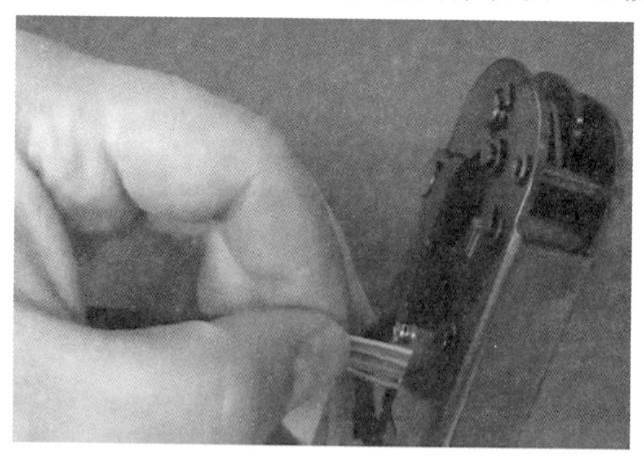

图 2-15　使用压线钳剪齐

[步骤 8]　剪断电缆线。请注意：一定要剪得很整齐。剥开的导线长度不可太短，可以先留长一些。不要剥开每根导线的绝缘外层，如图 2-16 所示。

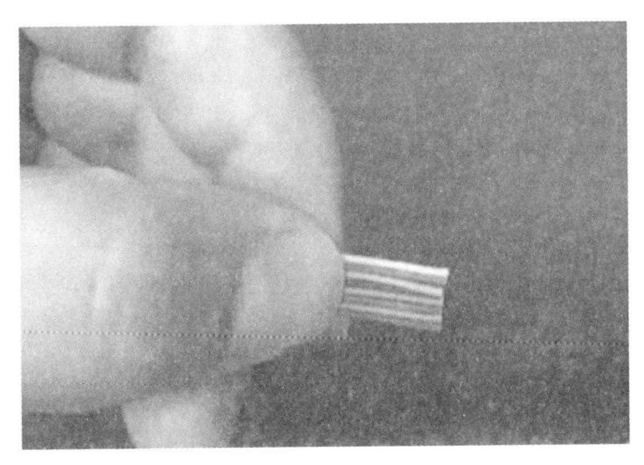

图 2-16　对齐每根线

[步骤 9]　将剪断的电缆线放入 RJ-45 插头试试长短（要插到底），电缆线的外保护层最后应能够在 RJ-45 插头内的凹陷处被压实。反复进行调整，如图 2-17 所示。

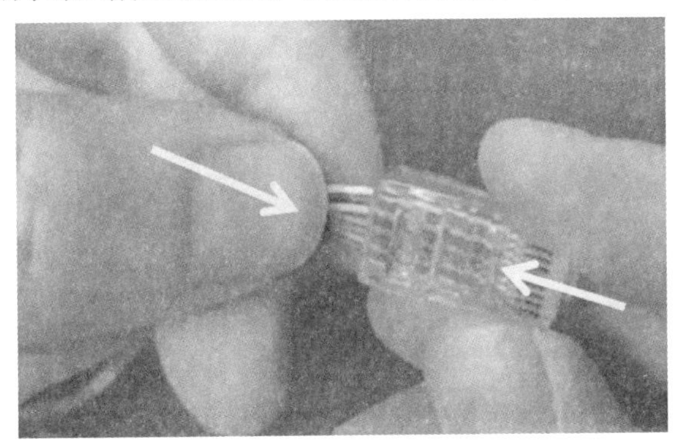

图 2-17　使用 RJ-45 插头

[步骤 10]　在确认一切都正确后（特别要注意不要将导线的顺序排列反了），将 RJ-45 插头放入压线钳的压头槽内，准备最后的压实，如图 2-18 所示。

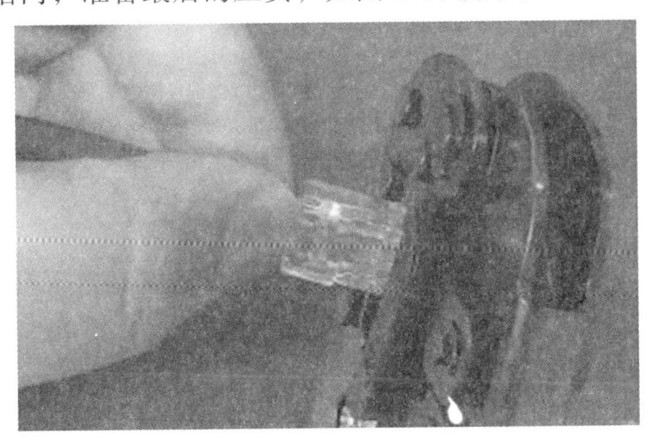

图 2-18　压线钳压紧插头

[步骤 11]　双手紧握压线钳的手柄，用力压紧，如图 2-19（a）和图 2-19（b）所示。请注意，在这一步骤完成后，插头的 8 个针脚接触点就穿过导线的绝缘外层，分别和 8 根导线紧紧地压接在一起。

（a）

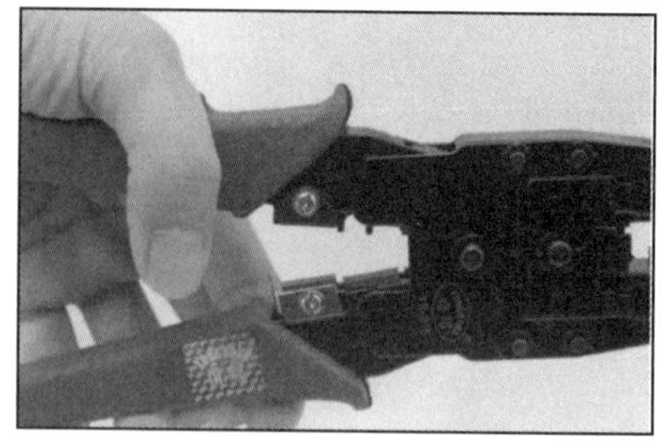

（b）

图 2-19

[步骤 12]　完成，如图 2-20 所示。

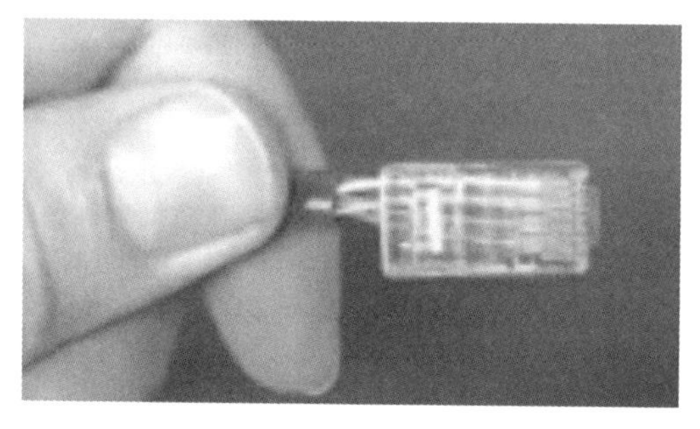

图 2-20　制作后的效果

2. 制作交叉线

制作交叉线的步骤与制作直通线的步骤相同，只是双绞线的一端应采用 EIA/TIA568A 标准，另一端则采用 EIA/TIA568B 标准。

3. 测试网线电缆

网络测线仪如图 2-21 所示，有两个可以分开的主体（大的为主测试仪，小的为远程测试仪），每个主体都有一个连接 RJ-45 水晶头的接口和一个连接电话线的接口。每个主体的面板上都有 1 排 8 个指示灯，用来测试双绞线的 8 根芯线的连通情况。两个主体对应的指示灯同时亮，表示对应那根线连接正常。如果一根网线的每条线（指芯线或金属屏蔽线）都连接正常，则表示这根网线制作成功；否则，必须剪掉连接头重新制作这根网线。

图 2-21　网线测试仪

直通线和交叉线的测试：

[步骤 1] 将制作好的直通线或交叉线的一端插入主测试仪的 RJ-45 水晶头的插槽上。

[步骤 2] 将这根直通线或交叉线的另一端插入远程测试仪的 RJ-45 水晶头的插槽上。

[步骤 3] 将主测试仪的电源开关打开。

[步骤 4] 观察主测试仪和远程测试仪上的指示灯的状态。

直连网线：如果两个主体的指示灯是成对亮，则表示直通线制作成功，然后再核对线序是否与自己选择的连接方法一致。

交叉网线：如果两个主体的指示灯是按以下给出的顺序成对亮的：1-3，2-6，3-1，4-4，5-5，6-2，7-7，8-8，则表示交叉线制作成功。

本章小结

要实现网络通信，最基本的要求是网络之间的传输介质和网络设备的连接。网络的物理连接是使用网络互连设备通过传输线路实现的，旨在为局域网之间提供一条用于传输数据的物理通道。网络通信设备非常重要，它直接影响网络的性能。本章重点介绍了传输介质，包括双绞线、同轴电缆、光纤和无线传输介质；网络设备，包括集线器、交换机和路路由器。

习　题

1. 试比较双绞线、同轴电缆、光纤三种传输介质的特性。
2. 简要说明光纤传输信号的基本原理。
3. 微波通信有什么优缺点？
4. 叙述路由器的工作原理。
5. 路由器有哪些功能？
6. 集线器、交换机（二层）和路由器有什么差异？

第 3 章　局域网构建

局域网（LAN）是将一个小物理区域内的各种通信设备连接在一个通信网络中的通信网络。局域网具有地域覆盖范围有限、传输速率高、时延小、误码率低等重要特点。局域网的管理权属于单一组织。

本章将讲述局域网的工作原理、组网拓扑结构和实验构建不同应用的局域网。通过本章的学习，同学们能够理解局域网的工作原理、体系结构和组网拓扑结构，能够熟练掌握各种局域网组网技术，并具有一定的独立设计和组建局域网的能力。

3.1　局域网的工作原理

在前面的 1.3 节中介绍过计算机网络的体系结构和国际标准化组织 ISO 提出的开放系统互连参考模型 OSI。但是局域网是一种特殊的网络，有它自身的技术特点，国际上通用的局域网标准是由 IEEE802 委员会制定的，由于受到广泛的认同，IEEE802 局域网标准被 ISO 采纳为国际标准，因此局域网参考模型参照了 OSI 参考模型。根据局域网的特征，局域网体系结构仅包含 OSI 参考模型的最低两层：物理层和数据链路层。

3.1.1　局域网参考模型

由于大部分局域网共享信道，当通信仅限于一个局域网时，任何两个节点之间都有一个唯一的链路，即网络层的功能可以由链路层来完成，因此局域网中没有单独的网络层。IEEE802 提出的局域网参考模型由物理层和数据链路层组成。数据链路层分为两个独立的部分：逻辑链路控制（LLC）和媒体访问控制（MAC）。LLC 子层执行与媒体无关的功能，而 MAC 子层执行媒体相关的数据链路层功能。这两个子层共同完成 LAN 对数据链路层的所有功能，如图 3-1 所示。

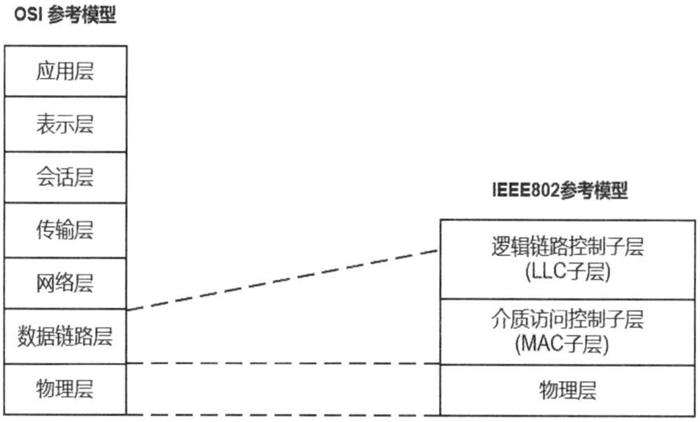

OSI 参考模型

应用层
表示层
会话层
传输层
网络层
数据链路层
物理层

IEEE802参考模型

逻辑链路控制子层
(LLC子层)
介质访问控制子层
(MAC子层)
物理层

图 3-1 OSI 参考模型与 IEEE802 参考模型的对应关系

1. 物理层

物理层提供在物理实体之间发送和接收位的能力。一对物理实体可以确认两个 MAC 子层实体之间在同一层的比特单位的交换。物理层还应实现电气、机械、功能和调节特性的匹配。物理层提供的发送和接收信号的能力包括宽带的频带分配和基带的信号调制。

局域网物理层制定的标准规范的主要内容如下：

（1）局域网所支持的传输介质与传输距离；

（2）传输速率；

（3）物理接口的机械特性、电气特性、性能特性和规程特性；

（4）传输信号的编码方案（常用的编码方案有：曼彻斯特、差分曼彻斯特、4B/5B、8B/6T 和 8B/10B）；

（5）错误校验码及同步信号的产生与删除；

（6）拓扑结构；

（7）物理信令（PLS），物理层向介质访问控制子层提供的服务原语，包括请求、实证、指示原语。

2. MAC 子层

MAC 子层支持数据链路功能，为 LLC 子层提供服务。它将上层移交的数据封装成帧进行传输（接收和分解帧的过程相反）、实现和维护 MAC 协议、误码检查和寻址等。

3. LLC 子层

LLC 子层向上层提供一个或多个逻辑接口（具有帧发送和接收功能）。发送时，将要发送的数据加上地址和 CRC 校验字段，形成帧。访问媒体时，对帧进行分解，实现地址识别和 CRC 校验功能，具有帧顺序控制和流控制功能。LLC 子层还包括一些网络层功能，如数据报、虚拟控制和多路复用。

3.1.2 局域网标准

自 1980 年 2 月局域网标准委员会（IEEE802 委员会）成立以来，该委员会制定了一系列局域网标准，被称为IEEE802标准，IEEE802各标准之间的关系如图3-2所示。

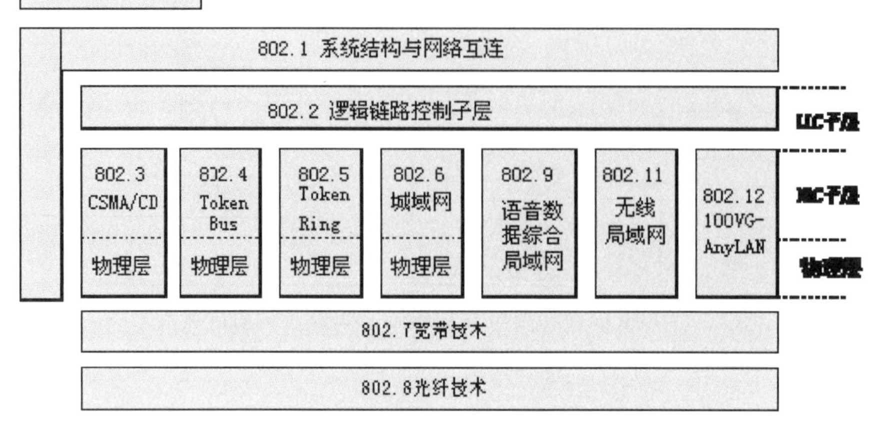

图3-2 IEEE802 各标准之间的关系

IEEE802标准包括：

- 802.1 局域网体系结构、网络管理和网络互联。
- 802.2 逻辑链路控制（LLC）子层的功能和服务。
- 802.3 带冲突检测的载波侦听多路访问（CSMA/CD）方法和物理层规范（以太网）。
- 802.4 令牌总线介质访问方法和物理规范（TOKEN BUS）。
- 802.5 令牌环介质访问方法和物理层规范（TOKEN RING）。
- 802.6 城域网介质访问方法和物理层规范（DQDB）。
- 802.7 宽带技术咨询和物理层课程与建议实施。
- 802.8 光纤传输技术。
- 802.9 综合话音数据局域网接口。
- 802.11 无线局域网。
- 802.12 优先级高速局域网（100VG ANY LAN）。

3.2 局域网的拓扑结构

在局域网中，网络节点和通信链路的几何形状称为拓扑结构。网络节点是指计算机和相关的网络设备，甚至是网络。链路是网络中两个相邻节点之间的物理路径。局域网的拓扑结构通常包括星形结构、总线结构、环形结构和树状结构。根据网络拓扑结构的不同，局域网可分为星形网络、总线型网络、环形网络和树状网络。

3.2.1 星形网络拓扑

星形拓扑是最古老的连接方式之一，也是应用最广泛的网络拓扑设计之一。星形拓扑由一个中心节点和通过一个点对点通信链路连接到中心节点的多个站点组成，如图 3-3 所示。这种结构以中心节点为中心，因此也称为集中式网络。这种结构以中心节点实现集中通信控制策略，因此中心节点相当复杂，每个站点的通信处理负担非常小。星形网络中使用的交换方法是电路交换和消息交换，尤其是电路交换。一旦建立了信道连接，就可以毫不延迟地在两个连接站点之间传输数据。流行的专用交换机 PBX（Private Branch exchange）是星形拓扑的典型例子。

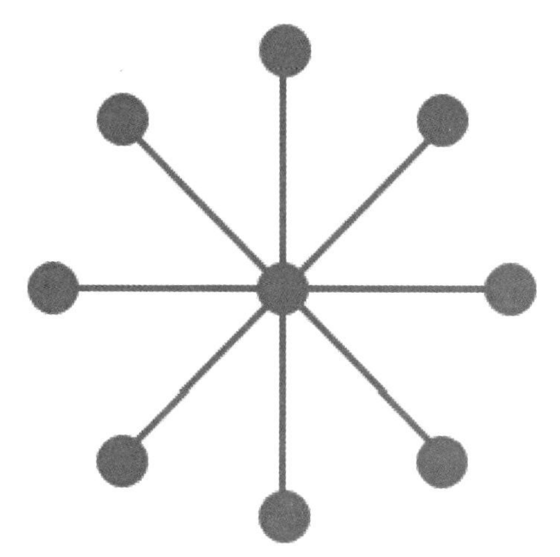

图 3-3　星形网络拓扑结构

1. 星形拓扑的优点

（1）结构简单，连接方便，管理和维护相对容易，可扩展性强。

（2）网络延迟时间少，传输误差小。

（3）在同一网段中支持多个传输介质，除非中心节点发生故障，否则网络将不易瘫痪。

（4）每个节点直接连接到中心节点，故障易于检测和隔离，故障节点易于消除。

2. 星状拓扑的缺点

（1）安装和维修费用很高。

（2）资源共享能力差。

（3）通信线路仅由线路上的中心节点和边缘节点使用，通信线路利用率不高。

（4）对中心节点的要求很高，一旦中央节点发生故障，整个网络就会瘫痪。

星形拓扑广泛应用于网络的智能集中在中心节点的情况下。在计算机从集中式主机系统发展到大量功能强大的微型计算机和工作站的情况下，传统星形拓扑的使用将会减少。

为了在星形网络中进行通信，任何两个节点都必须由中心节点控制。因此，中心节点有三个主要功能：当通信请求由通信站发出时，控制器应该检查中心转发器是否有空闲接入和被叫设备是否空闲，从而确定两个设备之间的物理连接是否可以建立；在两个设备的通信过程中应该保持这条路径；当通信完成或不需要线路时，中央传输站应该能够移除上述信道。

由于中心节点需要连接到多台计算机，而且有许多线路，为了便于集中连接，交换设备（交换机）的硬件经常用作中心节点。

集中式结构便于集中控制，同时网络延迟时间少，传输误差小，但这种结构非常不利，中央系统必须具有很高的可靠性，因为一旦中央系统损坏，整个系统就容易瘫痪。这种中央系统通常采用双热备份，以提高系统的可靠性。

3.2.2 总线型网络拓扑

总线型网络拓扑结构是局域网中最常用的，它使用一个通道作为传输介质，所有站都通过相应的硬件接口直接连接到公共传输介质，任何一个站发送的信号沿着传输介质发送，所有其他站都可以接收到。其拓扑结构如图 3-4 所示。

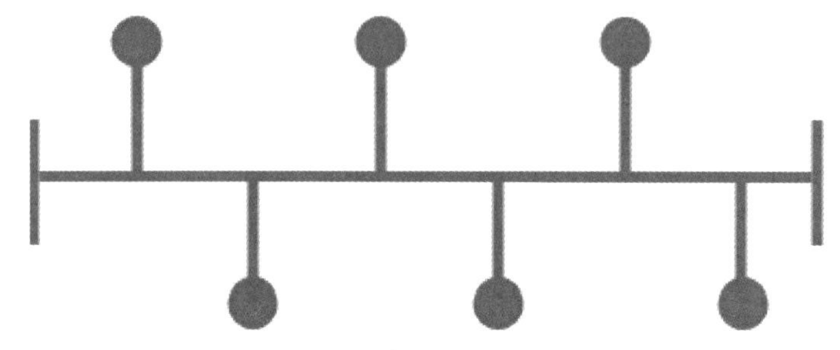

图 3-4 总线型网络拓扑结构

1. 总线型拓扑的优点

（1）总线结构所需的电缆数量少，电缆长度短，成本低，线路和维护方便。

（2）总线结构简单，是元件源的工作方式，可靠性高，传输速率高，可达 100 Mb/s。

（3）易于扩展，用户增加或减少方便，结构简单，组网方便，网络扩展方便。

（4）多个节点共享一个传输信道，信道利用率高。

（5）站点或某一终端用户的故障不影响其他站点或终端用户之间的通信。

2. 总线型拓扑的缺点

（1）总线型网络传输距离有限，通信范围有限。

（2）故障诊断和隔离困难。

（3）分布式协议不能保证信息的及时传输，不具有实时功能，站点必须具有智能性和媒体访问控制能力，从而增加了站点的硬件和软件开销。

总线上的传输信息通常以基带的形式串行传输。各节点上网络接口板的硬件具有收发功能。接收机负责接收总线上的串行信息，并将其转换成并行信息发送到 PC 工作站。发送方将并行信息转换为串行信息并将其传输到总线上。当在总线上发送的信息的目的地址与节点的接口地址一致时，节点的接收器接收到该信息。由于每个节点直接通过电缆连接，总线拓扑中所需的电缆长度最小，但总线只有一定的承载能力，因此总线长度有限，总线只能连接一定数量的节点。

因为所有节点共享一个公共传输链路，所以一次只能由一个设备发送消息。通常采用分布式控制策略来确定哪个站点可以发送消息。在发送消息时，发送站将消息分成分组，然后逐个发送数据包。有时，来自其他站的分组被交替地在媒体上传输。当数据包通过每个站时，目的地站识别数据包所携带的目的地址，然后复制数据包的内容。这种拓扑结构减轻了网络通信处理的负担，它只是一种无源传输介质，通信处理分布在各个站点上。

3.2.3 环形网络拓扑结构

在环形拓扑中，每个节点通过循环接口连接到一条封闭的环通信线路，如图 3-5 所示。该循环上的任何节点都可以请求发送信息，一旦请求获得批准，就可以向循环发送消息。环形网络中的数据可以是单向的，也可以是双向的。由于环线是通用的，一个节点发送的信息必须跨越环中的所有循环接口。当信息流中的目标地址与环中节点的地址一致时，该信息由该节点的循环接口接收，然后该信息继续流向下一个循环接口，并继续返回到发送该信息的环路接口节点。

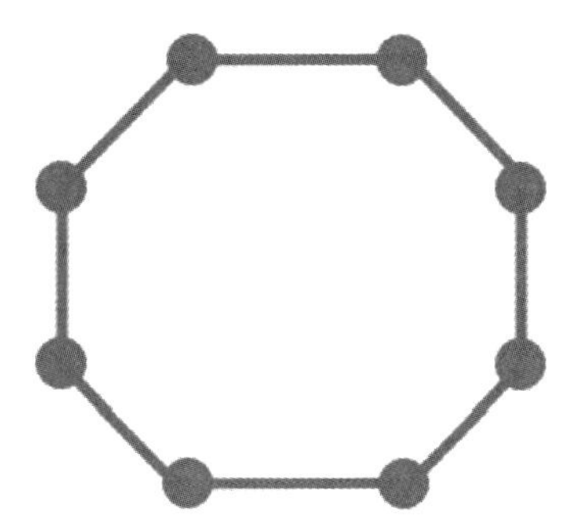

图 3-5 环形网络拓扑结构

1. 环形拓扑的优点

（1）电缆长度短。环形拓扑网络所需的电缆长度和总线拓扑网络相似，但比星形拓扑网络要短得多。

（2）增加或减少工作站时，仅需简单地连接操作。

（3）可使用光纤。光纤的传输速率很高，十分适合于环形拓扑的单方向传输。

2. 环形拓扑的缺点

（1）节点的故障会引起整个网络的故障。这是因为环网上的数据传输通过连接到环网的每个节点，一旦环网中的一个节点发生故障，就会导致整个网络的故障。

（2）故障检测困难。这类似于总线拓扑结构，因为它不是集中控制的，所以故障检测需要在网络上的各个节点进行。

（3）环形拓扑的媒体接入控制协议采用令牌传输，负载较轻时信道利用率较低。

环形结构在局域网中得到了广泛的应用。这种结构中的传输介质从一个终端用户到另一个终端用户，直到所有终端用户连接成一个环。数据在环路的一个方向上从一个节点传送到另一个节点，信息从一个节点传送到另一个节点。这种结构消除了终端用户通信对中央系统的依赖。

3.2.4 树状网络拓扑结构

树状拓扑结构可以被认为是由多层星形结构组成的，只不过这种多层次的星形结构自上而下是三角形的，就像一棵树，顶部的树枝和叶子较少，中间的树枝和叶子较多，底部的枝叶最多，如图 3-6 所示。树的底层等价于网络中的边缘层，树的中间部分等价于网络中的收敛层，树的顶部等价于网络中的核心层。它采用分层集中控制方式，其传输介质可以有多个分支，但不形成闭环，每条通信线路都必须支持双向传输。

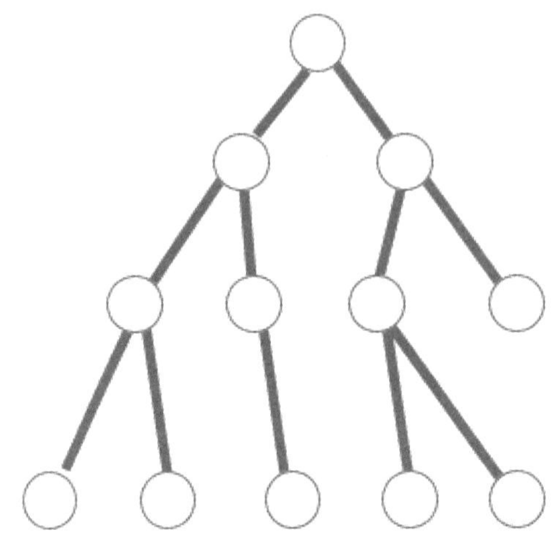

图 3-6　树状网络拓扑结构

1. 树状拓扑的优点

（1）易于扩展。这种结构可以扩展多个分支和子分支，这些新节点和新分支可以很容易地加入网络。

（2）故障隔离容易。如果一个分支的节点或线路发生故障，可以很容易地将故障分支与整个系统隔离开来。

2. 树状拓扑的缺点

（1）每个节点过于依赖根，如果根失败，整个网络就不能正常工作。

（2）电缆的成本很高。

树状结构是一种分层的集中式控制网络。与星形相比，通信线路的总长度短，成本低，节点易于扩展，路径查找更方便。然而，除了叶节点及其连接线外，任何节点或其连接线故障都会影响系统。

3.3　IP 地址管理与划分

3.3.1　IP 地址基础

IPv4 的地址管理主要用于给一个物理设备分配一个逻辑地址。这听起来很复杂，但实际上很简单。一个以太网上的两个设备之所以能够交换信息，就是因为在物理以太网上，每个设备都有一块网卡，并拥有唯一的以太网地址。如果设备 A 向设备 B 传送信息，设备 A 需要知道设备 B 的以太网地址。像 Microsoft 的 NetBIOS 协议，它要求每个设备广播它的地址，这样其他设备才能知道它的存在。IP 协议使用的这个过程叫作地址解析协议。不论是哪种情况，地址应为硬件地址，并且在本地物理网上。

1. 地址的分类

IPv4 被设计于 20 世纪 70 年代初期，当时建立 Internet 的工程师们并未意料到计算机和通信在未来的迅猛发展。局域网和个人电脑的发明对未来的网络产生了巨大的冲击。开发者们依据他们当时的环境，并根据那时对网络的理解建立了逻辑地址分配策略。他们知道要有一个逻辑地址管理策略，并认为 32 位的地址已足够使用。从当时的情况来看，32 位的地址空间确实足够大，能够提供 2^{32} 即 4294967296 个独立的地址。然后针对网络的大小不同，为有效地管理，地址以分组方式来分配。有的分组较大（A 类地址），有的分组中等（B 类地址），而有的分组较小（C 类地址）。这种管理上的分组也叫地址分类。

地址是由固定长度的 4 个八位字节组成（32 位）。地址的开始部分是网络号，随后是本地地址（也叫作“剩余”字段）。

用于通信的网际地址有三种格式或类别：

（1）A 类地址，最高位是 0，随后的 7 位是网络地址，最后 24 位是本地地址。例如：

0nnnnnnn111111111111111111111111

在这个分组中，用一个 32 位数表示一个 A 类地址。A 类地址的前 8 位代表网络号，剩余的 24 位可由管理网络地址的管理用户来修改，这 24 位地址代表在“本地”主机上的地址。在上面的地址表示中，多个 n 代表地址中的网络号位；多个 1 代表本地可管理的地址部分。像上面所看到的那样，A 类网络地址的最高位总是 0。

由于 A 类地址的第一位总为 0，所以 A 类地址的网络号从 1 开始，到 127 结束。由于本地可管理的空间是由 24 位组成的，所以在 A 类地址中，本地地址的数量为 2^{24} 即 16777216 个。每个得到 A 类地址的网络管理员都能够给一千六百多万台主机分配地址。但要记住，由于 A 类地址只有 127 个，所以只能有 127 个大网络。

下面是一些 A 类地址网络号：

10.0.0.0

44.0.0.0

101.0.0.0

127.0.0.0

注意，A 类地址的网络号范围是从 1.0.0.0（最小地址） 开始，到 127.0.0.0（最大地址）结束。

（2）B 类地址，最高两位分别是 1 和 0，随后的 14 位是网络地址，最后 16 位是本地地址。例如：

10nnnnnnnnnnnnnn1111111111111111

在这个例子中，用 32 位数表示 B 类地址。B 类地址的前 16 位代表网络号，剩余的 16 位可由管理网络地址的用户来修改。这 16 位地址代表在“本地”主机上的地址。B 类网络地址是由最高两位 10 来标识的。

由于 B 类地址的前两位为 10，所以 B 类地址的网络号是从 128 开始，到 191 结束。在 B 类地址中，第 2 个点分十进制也是网络号的一部分。每个 B 类地址网络在本地所管理的 16 位地址空间大小为 2^{16}（或 65536）。可管理的 B 类网络个数为 16384 个。

下面是一些 B 类网络号：

137.55.0.0

129.33.0.0

190.254.0.0

150.0.0.0

168.30.0.0

B 类地址的网络号从 128.0.0.0（最小地址）到 191.255.0.0（最大地址）。由于 B 类地址的网络号长度为 16 位，所以前两个点分十进制数表示网络号。

（3）C 类地址，最高的三位是 110，随后的 21 位是网络地址，最后 8 位是本地地址。例如：

110nnnnnnnnnnnnnnnnnnnnn11111111

在这个例子中，可以看到一个 32 位数表示的 C 类地址。C 类地址的前 24 位代表网络号，剩余的 8 位可由管理网络地址的用户来修改。这 8 位地址代表在“本地”主机上的地址。C 类网络地址是由最高三位 110 来标识的。

由于 C 类地址的前三位为 110，所以 C 类地址的网络号是从 192 开始，到 223 结束。在 C 类地址中，第 2 个和第 3 个点分十进制数也是网络号的一部分。每个 C 类地址网络在本地所管理的 8 位地址空间大小为 2^8（或 256）。可以管理的 C 类网络个数为 2097152。

下面是一些 C 类网络号：

204.238.7.0

192.153.186.0

199.0.44..0

191.0.0.0

222.222.31.0

C 类地址的网号从 192.0.0.0（最小地址）到 223.255.255.0（最大地址）。由于 C 类地址的网络号长度为 24 位，所以前三个点分十进制数表示网络号。

为了便于总结，表 3-1 列出了三类地址的一些特性。

表 3-1　三类地址的特性

地址类别	网络位数	主机位数	网络总数	地址总数
A	8	24	127	16 777 216
B	16	16	16 384	65 536
C	24	8	2 097 152	256

2. 掩码的作用

通过上述地址的分类，我们发现 IP 地址一部分表示网络号，而另一部分表示主机位，那么如何界定呢？这里我们不得不探讨一个子网掩码与 IP 地址之间的关系问题。如果将 IP 地址与掩码都转成二进制数位，并对应位作逻辑与运算得到的就是网络号，如果将 IP 地址与反向掩码对应位作逻辑与运算得到的是主机位。掩码分为标准掩码（默认掩码）和变长子网掩码（非标准掩码），A 类地址的标准掩码为 255.0.0.0，B 类地址的标准掩码为 255.255.0.0，C 类地址的标准掩码为 255.255.255.0。例如，以 A 类地址 10.10.10.1 与掩码 255.0.0.0 为例，它们对应位作逻辑与运算得到的结果是 10.0.0.0，而这个地址称为 IP 地址，10.10.10.1 所在的网络为 10.0.0.0 号网络。而 10.10.10.1 与反向掩码 0.255.255.255 对应位作逻辑与运算，得到的是主机号，为 0.10.10.1。可以看到掩码与 IP 地址是成对出现的，通过掩码才能确定 IP 地址的网络域和主机域，如图 3-7 所示。

图 3-7　IP 地址配置

3. 标准掩码与子网掩码

上述例子当中我们使用的 255.0.0.0 就是 A 类地址的标准掩码，也称为默认掩码，或者叫缺省掩码。掩码是一个 32 位二进制数字，用点分十进制来描述，缺省情况下，掩码包含两个域：网络域和主机域。这些内容分别对应网络号和本地可管理的网络地址部分。若要划分子网，就可能需要重新调整 IP 地址的网络域和主机域。如果你工作在 B 类网络中，并使用标准的掩码，则此时没有子网划分。例如，在下面的地址和掩码中，网络地

址由掩码的前两个 255 来说明，而主机域是由后面的 0.0 来说明。

IP 地址：153.88.4.240；标准掩码：255.255.0.0

此时网络号是 153.88，主机号是 4.240。换句话说，前 16 位代表着网络号，而后面剩余的 16 位代表着主机号。

如果我们将网络划分成几个子网，则网络的层次将增加，由原来从网络到主机的结构转换成了从网络到子网再到主机的结构。如果我们使用子网掩码为 255.255.255.0 对网络

153.88.0.0 进行子网划分，则需要增加辅助的信息块。在增加一个子网域时，我们的想法发生了一些变化。看一看前面的例子，153.88 还是网络号。当使用掩码 255.255.255.0 时，则说明子网号被定位在第三个 8 位位组，子网号是.4，主机号是 240。

通过使用掩码可将本地可管理的网络地址部分划分成多个子网。掩码用来说明子网域的位置。我们给子网域分配一些特定的位数后，剩下的位数就是新的主机域了。在下面的例子中，我们使用了一个 B 类地址，它有 16 位主机域。此时我们将主机域分成一个 8 位子网域和一个 8 位主机域。

此时这个 B 类地址的掩码是 255.255.255.0，我们把它称为变长子网掩码。当用变长子网掩码与同一个 IP 地址相与运算，得到的网络号将包含子网 4，过程如下所示。

网络	网络	子网	主机
255	255	255	0
153	88	4	240
11111111	11111111	11111111	00000000
10011001	01011000	00000100	11110000
10011001	01011000	00000100	00000000
153	88	4	0

3.3.2 子网划分

1. 子网划分的目的

如前面例子所介绍的，划分子网是根据不同网络规模和有效地址数使用情况，尽量做到更加有效地管理和使用 IP 地址，充分提高 IP 地址的利用效率，避免造成地址的无谓浪费，解决地址不够用的问题。另外划分子网能够从网络层实现逻辑隔离广播域和冲突域，减少地址冲突，避免网络拥塞和网络病毒对更大范围的网络造成影响。

为了解决 IPv4 的不足，提高网络划分的灵活性，诞生了两种非常重要的技术，那就是 VLSM（可变长子网掩码）和 CIDR（无类别域间路由），把传统标准的 IPv4 有类网络演变成一个更为高效、更为实用的无类网络。

2. VLSM 子网划分的基本思想

通过 VLSM 实现子网划分的基本思想很简单：就是借用现有网段的主机位的最左边某几位作为子网位，划分出多个子网。

① 把原来有类网络 IPv4 地址中的“网络 ID”部分向“主机 ID”部分借位。

② 把一部分原来属于“主机 ID”部分的位变成“网络 ID”的一部分（通常称之为“子网 ID”）。

③ 原来的“网络 ID”+“子网 ID”=新“网络 ID”。“子网 ID”的长度决定了可以划分子网的数量。

一个主网络中定义多个子网，多个子网可能使用不同长度的掩码，如图 3-8 所示为可变长子网掩码的典型应用。

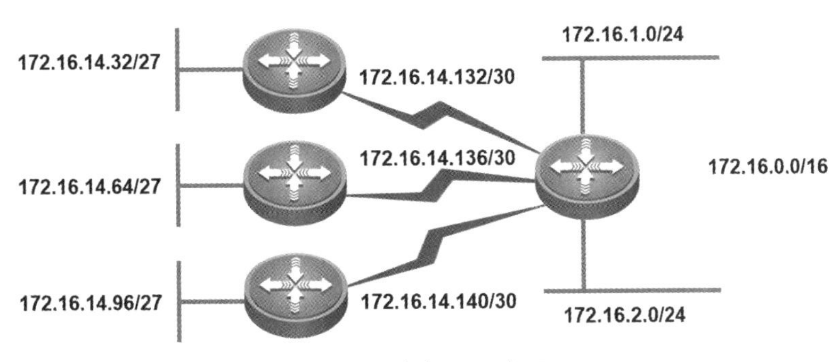

图 3-8　变长子网应用

3. 子网划分的方法

借位：从主机最高位开始借位变为新的子网位，剩余部分仍为主机位 ，使 IP 地址的格式变为如图 3-9 所示。

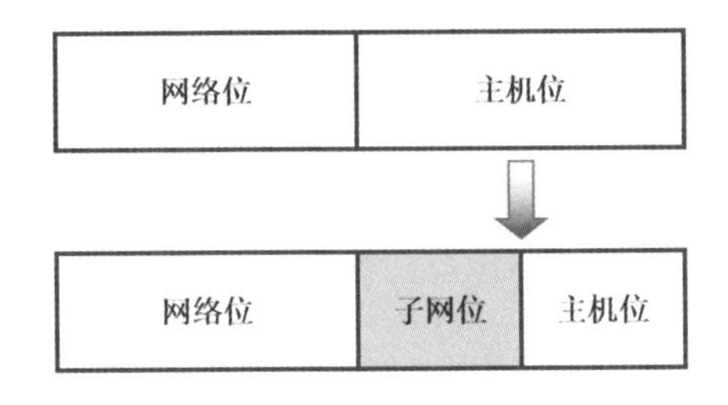

图 3-9　子网借位

从图 3-9 中可以看到，向主机位借位后，IP 地址的网络位增加、主机位减少。

以 B 类地址 172.16.0.0 为例，假设我们通过借位已经得到一个子网地址为：172.16.32.0/20，下面我们继续讲解变长子网掩码的规划方法，在该子网的主机位中继续借位，如图 3-10 所示：

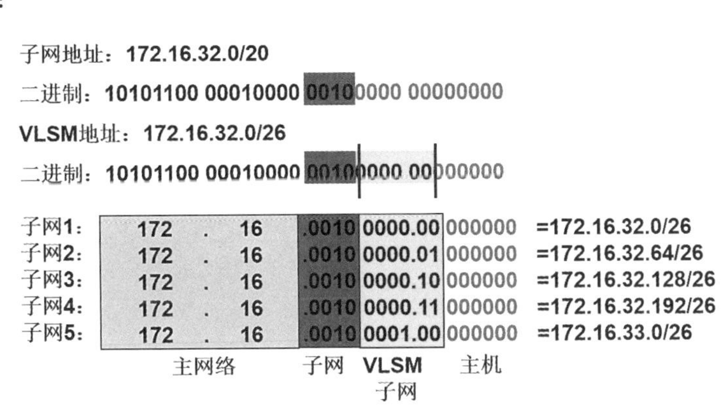

图 3-10　变长子网规划

3.3.3 变长子网掩码

表 3-2～表 3-4 给出了常用的 A 类、B 类、C 类网络的子网掩码。这些子网掩码表将会帮助我们在给定环境下很容易地确定出想要的子网掩码。浏览一下这些表，看看有什么特点。从上向下看这些表，子网的数量在逐渐增加，而子网中的主机数量却逐渐减少。为什么会这样呢？请看每张表的右侧部分。随着表示子网的位数增加，表示主机的位数则相应减少。由于在每一类网络地址中，这部分的位数相对固定，且每一位只有一种用途——由掩码说明。每一位不是子网位，就是主机位。如果表示子网的位数增加，则表示主机的位数将会相应地减少。

注意，根据类别的不同，表的大小也不一样。因为对应 A 类、B 类、C 类网络，它们的主机域分别是 24 位、16 位和 8 位，所以这里有三个大小不同的表格。

表 3-2　A 类子网表

子网数量	主机数量	掩码	子网位数	主机位数
2	4194302	255.192.0.0	2	22
6	2097150	255.224.0.0	3	21
14	1048574	255.240.0.0	4	20
30	524286	255.248.0.0	5	19
62	262142	255.252.0.0	6	18
126	131070	255.254.0.0	7	17
254	65534	255.255.0.0	8	16
510	32766	255.255.128.0	9	15
1022	16382	255.255.192.0	10	14
2046	8190	255.255.224.0	11.	13
4094	4094	255.255.240.0	12	12
8190	2046	255.255.248.0	13	11
16382	1022	255.255.252.0	14	10
32766	510	255.255.254.0	15	9
65534	254	255.255.255.0	16	8
131070	126	255.255.255.128	17	7
262142	62	255.255.255.292	18	6
524286	30	255.255.255.224	19	5
1048574	14	255.255.255.240	20	4
2097150	6	255.255.255.248	21	3
4194302	2	255.255.255.252	22	2

表 3-3　B 类子网表

子网数量	主机数量	掩码	子网位数	主机位数
2	16382	255.255.192.0	2	14
6	8190	255.255.224.0	3	13
14	4094	255.255.240.0	4	12
30	2046	255.255.248.0	5	11
62	1022	255.255.252.0	6	10
126	510	255.255.254.0	7	9
254	254	255.255.255.0	8	8
510	126	255.255.255.128	9	7
1022	62	255.255.255.192	10	6
2046	30	255.255.255.224	11	5
4094	14	255.255.255.240	12	4
8190	6	255.255.255.248	13	3
16382	2	255.255.255.252	14	2

表 3-4　C 类子网表

子网数量	主机数量	掩码	子网位数	主机位数
1	254	255. 255. 255. 0	0	8
2	126	255. 255. 255. 128	1	7
4	62	255. 255. 255. 192	2	6
8	30	255. 255. 255. 224	3	5
16	14	255. 255. 255. 240	4	4
32	6	255. 255. 255. 248	5	3
64	2	255. 255. 255. 252	6	2

实验 3.1 两台计算机组建对等网

【实验目的】

- 理解对等网的基本概念和特点；
- 掌握对等网的组建方法；
- 掌握测试对等网连通性的方法。

视频：对等网实验

【实验内容】

- 画出网络拓扑结构图；
- 组建由 2 台计算机构成的对等网；
- 测试对等网的连通性。

【实验原理】

1. 对等网

对等网络也称为工作网络。在这种体系结构中，网络成员是对等的。网络中没有管理或服务核心的主机，即主机之间没有主从区别，客户端和服务器之间也没有区别。在对等网络中，没有域，只有工作组。由于工作组的概念不像域的概念那么广泛，所以在构建对等网络时不需要配置域，只需要配置工作组。

对等网络有两种形式：一种是通过集线器或交换机连接，双绞线是直通式双绞线；另一种是没有集线器（或交换机）的对等网络，称为双机互连。双绞线是交叉线，通常只适用于两台计算机之间的连接。本实验采用双机互连的方法。

2. TCP/IP 协议

TCP/IP（传输控制协议/Internet 协议），也称为网络通信协议。在该协议中，传输控制协议（TCP）是面向连接的，能够提供可靠的传输。该协议负责收集文件信息或将大文件分成适合在网络上传输的数据包。当数据通过网络传输到接收端的 TCP 层时，接收端的 TCP 层根据协议将数据包恢复到原始文件。IP（internet protocol）对每个 IP 包的地址信息进行处理，选择路由使 IP 包正确到达目的地。TCP/IP 协议使用客户机/服务器模式进行通信。

本实验是在 Win10 操作系统下，利用系统中默认已安装的协议建立对等网。

3. Ping 命令

Ping 是一个高频实用程序，主要用于确定网络连通性。这对于确定网络是否正确连接以及网络连接的状况非常有用。简单地说，Ping 是一个测试程序。如果 Ping 正常运行，可以消除网络接入层、网卡、调制解调器输入输出线、电缆、路由器等故障，从而缩小问题的范围。

Ping 可以显示发送请求和返回响应之间的时间量（毫秒）。如果响应时间短，数据报就不必经过太多的路由器或网络，而且连接速度更快。Ping 还可以显示 TTL（生存时间）值，该值可用于计算数据包通过多少个路由器。

【实验环境】

➢ RJ45 交叉线 1 根；
➢ 计算机 2 台且安装有网卡。

【实验步骤】

【步骤 1】 按照图 3-11 所示的拓扑结构连接设备，用一根交叉线连接 2 台计算机（由 2 台计算机构成的对等网），从而完成网络硬件的连接。

图 3-11 两台计算机组成的对等网

【步骤 2】 安装网卡驱动程序。

由于 Windows 10 自带的网卡驱动程序较多，大多数情况下用户无须手动安装驱动程序，而由系统自动识别并自动安装驱动程序。网卡驱动程序是否正确安装好，可以通过“计算机管理”中的“设备管理器”查看。正确安装网卡驱动后的设备管理器如图 3-12 所示。

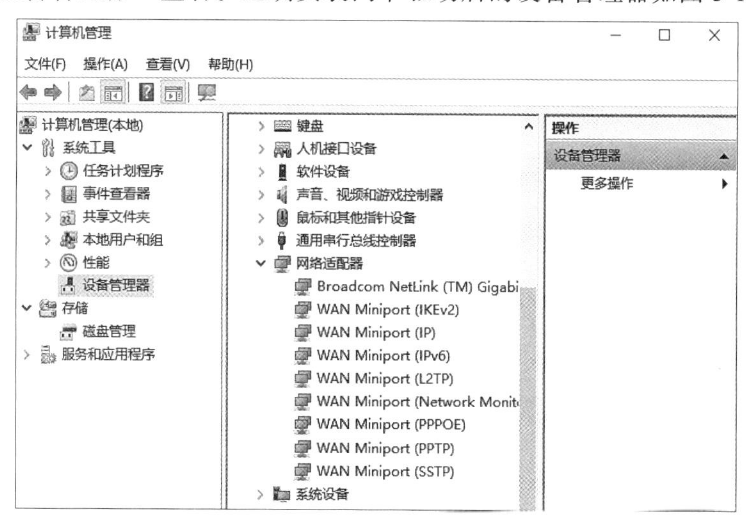

图 3-12 正确安装网卡驱动示意图

【步骤 3】 安装和设置网络通信协议。

通常安装网卡后，其基本的网络组件，如网络客户端、TCP/IP 协议都已安装，只须进行一些必要的配置即可。

（1）用鼠标右击桌面上的“网络”，选择“属性”，打开“网络和共享中心”窗口，如图 3-13 所示。

（2）在“网络和共享中心”窗口中，用鼠标点击“以太网 2”，打开“以太网 2 状态”对话框中的“常规”选项卡，如图 3-14 所示。

网络和共享中心
所有控制面板项 › 网络和共享中心
搜索控制面板
控制面板主页
更改适配器设置
更改高级共享设置
媒体流式处理选项
查看基本网络信息并设置连接
查看活动网络
TP-LINK
专用网络
访问类型: Internet
连接: 以太网 2
更改网络设置
设置新的连接或网络
设置宽带、拨号或 VPN 连接；或设置路由器或接入点。
问题疑难解答
诊断并修复网络问题，或者获得疑难解答信息。

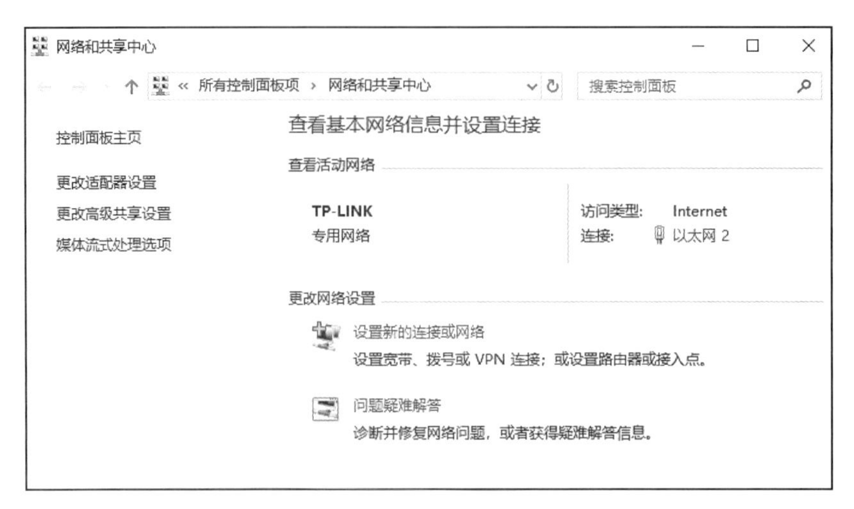

图 3-13 “网络和共享中心”窗口

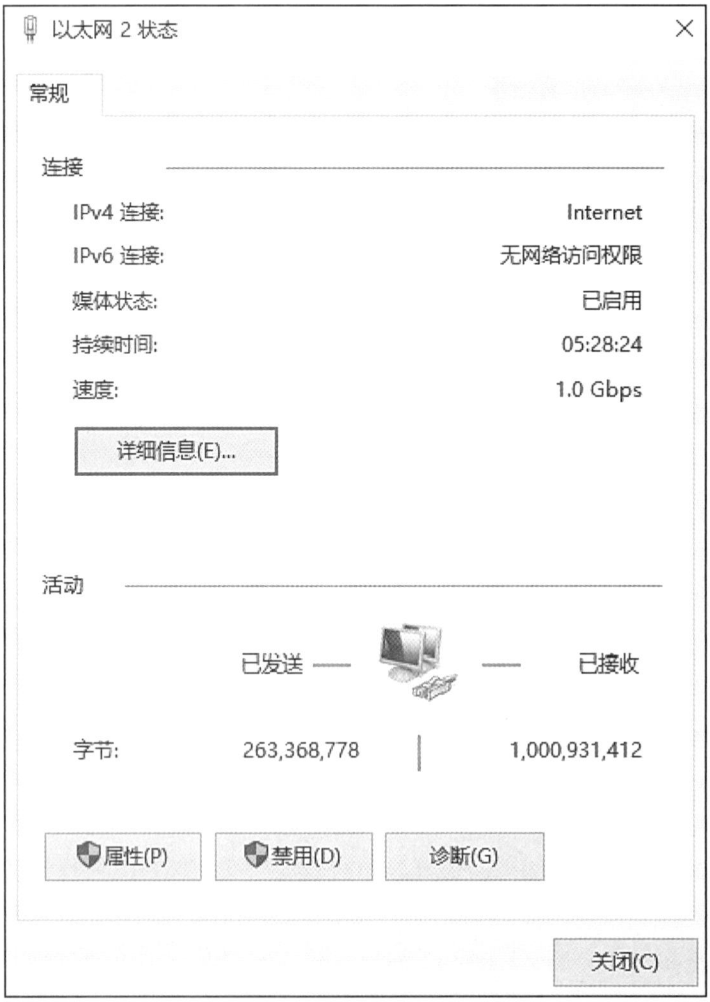
以太网 2 状态
常规
连接
IPv4 连接: Internet
IPv6 连接: 无网络访问权限
媒体状态: 已启用
持续时间: 05:28:24
速度: 1.0 Gbps
详细信息(E)...
活动
已发送
已接收
字节: 263,368,778 1,000,931,412
属性(P)
禁用(D)
诊断(G)
关闭(C)

图 3-14 “以太网 2 状态”对话框

（3）点击“属性”按钮，在弹出的“以太网 2 属性”对话框中，查看“此连接使用下列项目”列表框中是否含有“Microsoft 网络客户端”和“Internet 协议版本 4（TCP/IPv4）”项，默认情况下 Windows 10 中都已经安装了这两项，不用单独安装。如果不小心删除了，可以单击“安装”按钮重新安装。

（4）在“以太网 2 属性”对话框中的“网络”选项卡中，选择“Internet 协议版本 4（TCP/IPv4）”项，然后单击“属性”按钮，出现设置 IP 地址及子网掩码对话框，如图 3-15 所示。

图 3-15 “Internet 协议（TCP/IP）”属性对话框

（5）在“Internet 协议版本 4（TCP/IPv4）属性”对话框中选择“使用下面的 IP 地址”和“使用下面的 DNS 服务器地址”，并按图 3-16 和图 3-17 所示将 2 台计算机的 IP 地址分别设为“192.168.0.2”和“192.168.0.3”，子网掩码都为“255.255.255.0”，其他地方不用填写。

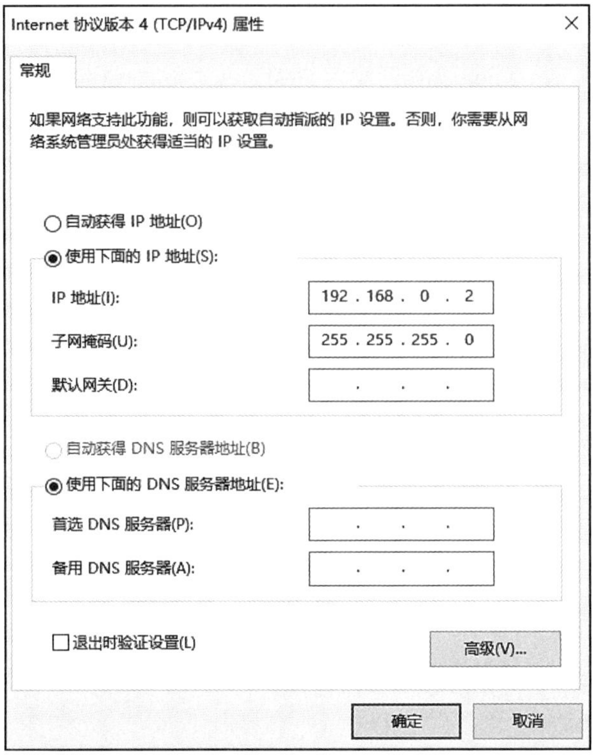

Internet 协议版本 4 (TCP/IPv4) 属性

常规

如果网络支持此功能，则可以获取自动指派的 IP 设置。否则，你需要从网络系统管理员处获得适当的 IP 设置。

○自动获得 IP 地址(O)

◉使用下面的 IP 地址(S):

IP 地址(I): 192 . 168 . 0 . 2

子网掩码(U): 255 . 255 . 255 . 0

默认网关(D): . . .

○自动获得 DNS 服务器地址(B)

◉使用下面的 DNS 服务器地址(E):

首选 DNS 服务器(P): . . .

备用 DNS 服务器(A): . . .

☐退出时验证设置(L)

高级(V)...

确定 取消

图 3-16 “Internet 协议版本 4（TCP/IPv4）属性”对话框一

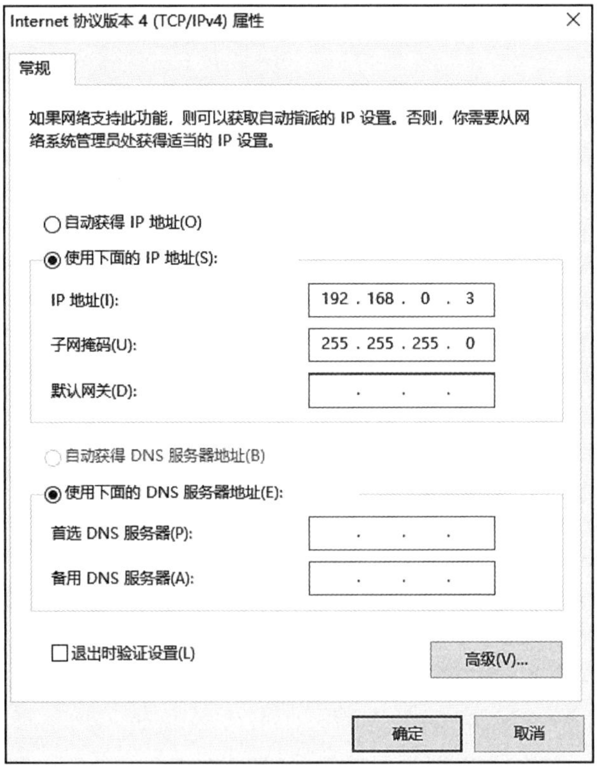

Internet 协议版本 4 (TCP/IPv4) 属性

常规

如果网络支持此功能，则可以获取自动指派的 IP 设置。否则，你需要从网络系统管理员处获得适当的 IP 设置。

○自动获得 IP 地址(O)

◉使用下面的 IP 地址(S):

IP 地址(I): 192 . 168 . 0 . 3

子网掩码(U): 255 . 255 . 255 . 0

默认网关(D): . . .

○自动获得 DNS 服务器地址(B)

◉使用下面的 DNS 服务器地址(E):

首选 DNS 服务器(P): . . .

备用 DNS 服务器(A): . . .

☐退出时验证设置(L)

高级(V)...

确定 取消

图 3-17 “Internet 协议版本 4（TCP/IPv4）属性”对话框二

【步骤 4】 标识网络计算机。

（1）用鼠标右击桌面上的“此电脑”，在弹出的菜单中选择“属性”，弹出“系统”对话框，点击“更改设置”按钮，弹出“系统属性”对话框，默认选择的是“计算机名”选项卡，如图 3-18 所示。

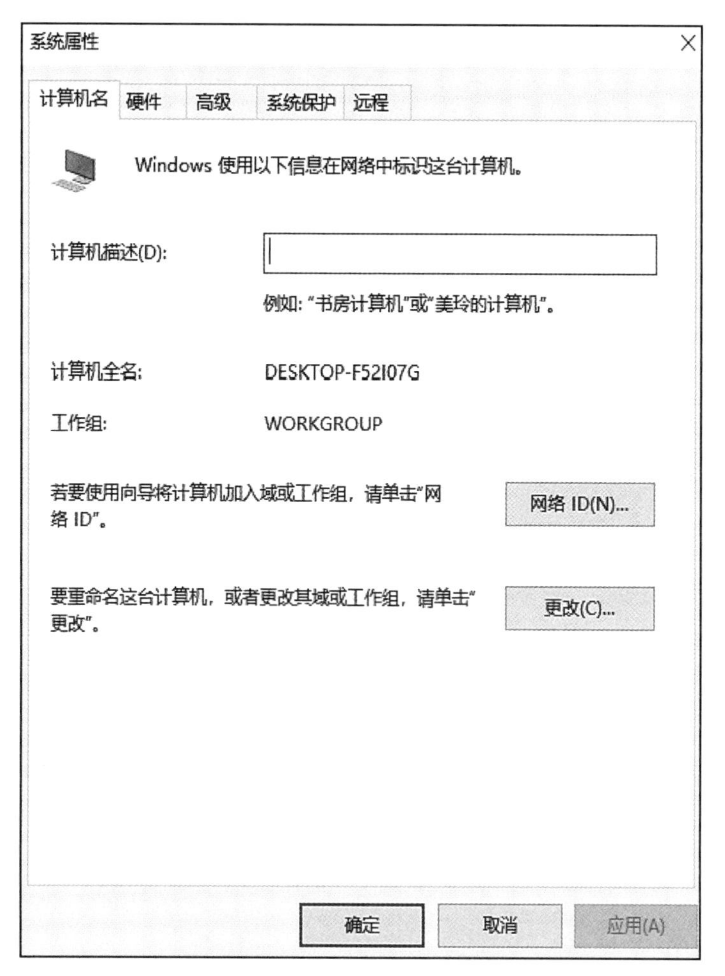

图 3-18 “系统属性”对话框

（2）点击“系统属性”对话框中的“更改”按钮，弹出“计算机名/域更改”对话框，如图 3-19 所示。

（3）在“计算机名”文本框中输入计算机名，在“工作组”文本框中输入工作组名（由于网络中共有 2 台计算机，可将第 1 台计算机命名为“kj01”，另外一台命名为“kj02”；这里假设工作组为“KJXX”），更改后的第 1 台计算机如图 3-20 所示，另外 1 台计算机的设置方法类似。

（4）设置成功后单击“确定”按钮，返回“系统属性”对话框。设置完毕必须按要求重新启动计算机，以便使设置生效。

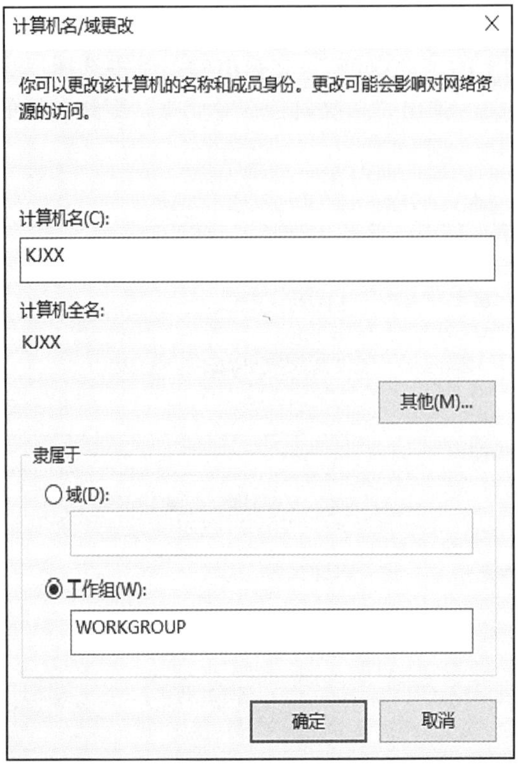

图 3-19 “计算机名/域更改”对话框一

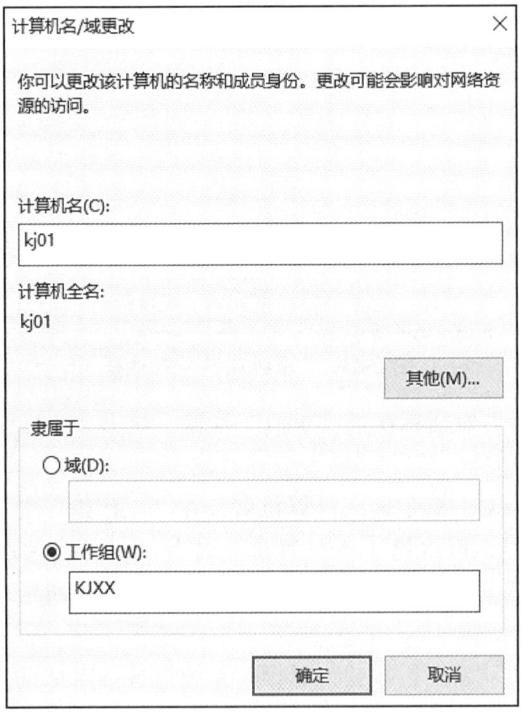

图 3-20 “计算机名/域更改”对话框二

【步骤 5】 网络连通性测试。

完成各类配置后，可对网络进行测试，以检测网络是否连通。

（1）单击桌面左下角“开始”，选择“运行”，弹出如图 3-21 所示对话框。

图 3-21 “运行”对话框

（2）在“打开”文本框中输入“cmd”，弹出如图 3-22 所示窗口。

图 3-22 测试窗口

（3）在命令提示符“>”后输入 ping 命令测试两台机器的连通性，例如在命令提示符后输入“ping 192.168.0.3 t”，敲击“回车”即可。如果网络连通，则会出现类似图 3-23 所示的反馈信息。

```
C:\WINDOWS\system32\cmd.exe - ping 192.168.0.3 -t
Microsoft Windows XP [版本 5.1.2600]
(C) 版权所有 1985-2001 Microsoft Corp.

C:\Documents and Settings\Administrator>ping 192.168.0.3 -t

Pinging 192.168.0.3 with 32 bytes of data:

Reply from 192.168.0.3: bytes=32 time<1ms TTL=128
Reply from 192.168.0.3: bytes=32 time<1ms TTL=128
Reply from 192.168.0.3: bytes=32 time<1ms TTL=128
Reply from 192.168.0.3: bytes=32 time<1ms TTL=128
Reply from 192.168.0.3: bytes=32 time<1ms TTL=128
Reply from 192.168.0.3: bytes=32 time<1ms TTL=128
Reply from 192.168.0.3: bytes=32 time<1ms TTL=128
```

图 3-23 网络连通反馈信息

实验 3.2　用以太网技术组建多台计算机的局域网

【实验目的】

视频：局域网实验

- 掌握使用以太网技术组建局域网的方法；
- 掌握测试局域网计算机之间的互通性的方法。

【实验内容】

- 画出网络拓扑结构图；
- 使用交换机设备组建 3 台计算机的以太网；
- 测试局域网中计算机之间的互通性。

【实验原理】

以太网是一种基于总线的广播室网络，是应用最广泛的局域网技术之一。

以太网采用共享信道的方法，即多个主机共享一个信道进行数据传输。为了解决多台计算机占用信道的问题，以太网采用 IEEE802.3 标准规定的 CSMA/CD（载波侦听多址/冲突检测）协议，该协议控制多个用户共享一个信道。CSMA/CD 工作如下：

（1）当载波侦听（发送前侦听）使用 CSMA/CD 协议时，总线上的每个节点都在监听总线，即检测总线上是否还有其他节点发送数据。如果发现总线空闲，检测不到要发送的信号，就可以立即发送数据；如果总线繁忙，即总线上的数据正在传输，则节点应继续等待总线空闲后才发送数据，或等待随机时间，然后重新侦听总线，直到总线空闲再发送数据。载波监控也称为先监听后发送。

（2）冲突检测：当两个或多个节点同时监测到总线空闲并开始发送数据时，会发生冲突；传输延迟可能会导致第一个节点发送的数据在另一个发送数据的节点已经检测到总线空闲并开始发送数据之前到达目标节点，这也会导致冲突的发生。当这两个帧发生冲突时，这两个传输的帧将被破坏。 继续传输损坏的帧是没有意义的，信道不能被其他站点使用。 对于有限的信道，这是很大的浪费。如果每个发送节点在发送时监听，监听冲突后立即停止发送，就可以提高信道的利用率。当节点检测到垂直碰撞时，立即取消数据传输，然后发送一个短干扰信号，即强碰撞信号，告诉网络上的所有节点发生了总线碰撞。 阻塞信号发出后，等待一个随机事件，然后再次发送要发送的数据。如果仍有冲突，则重复监听，等待和重传操作。CSMA/CD 采用用户访问总线时间不确定的随机竞争方式，具有结构简单、轻负载时延小的特点。 而当网络通信附件增加时，由于冲突增加导致网络吞吐率下降，传输演示增加，网络性能会明显下降。

【实验设备】

- 带 RJ-45 接口的网卡；
- 1 个交换机；

➢ 3 根直通双绞线；
➢ 3 台计算机。

【实验步骤】

[步骤 1]　按照图 3-24 所示的拓扑结构连接设备，用 3 根直通线分别连接 3 台计算机和交换机口，从而完成网络硬件的连接。

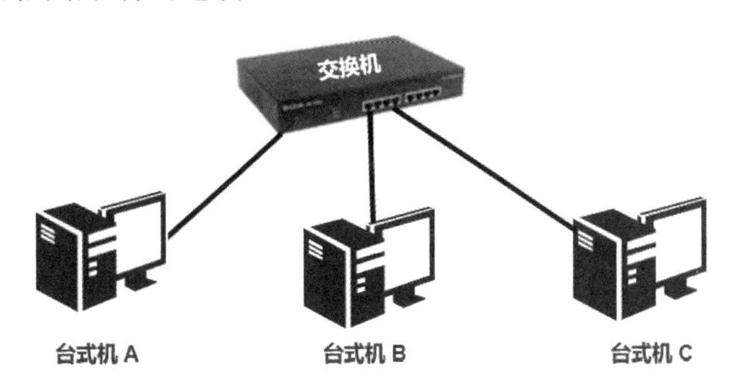

图 3-24　3 台计算机连接拓扑图

[步骤 2]　安装网卡驱动程序

由于 Windows 10 自带的网卡驱动程序较多，大多数情况下用户无需手动安装驱动程序而由系统自动识别并自动安装驱动程序。是否正确安装好网卡驱动程序，可以通过“计算机管理”中的“设备管理器”查看。正确安装网卡驱动后的设备管理器如图 3-25 所示。

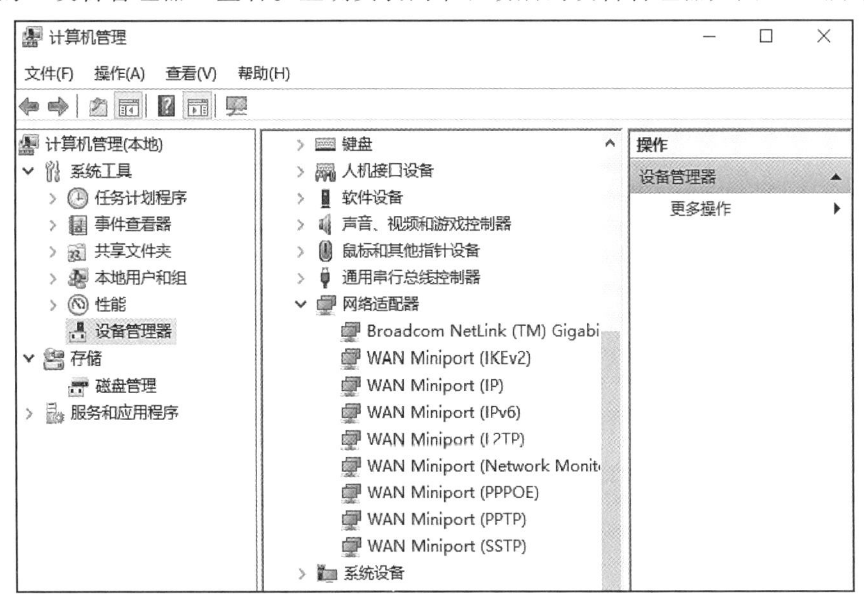

图 3-25　正确安装网卡驱动示意图

【步骤 3】安装和设置网络通信协议。

通常安装网卡后，其基本的网络组件，如网络客户端、TCP/IP 协议都已安装，只需进行一些必要的配置即可。

（1）用鼠标右击桌面上的“网络”，选择“属性”，打开“网络和共享中心”窗口，如图3-26 所示。

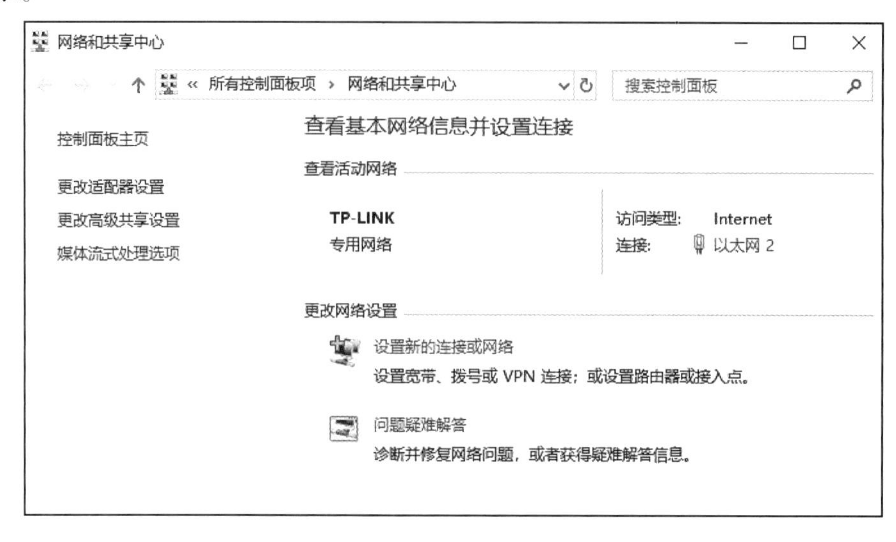

图 3-26 “网络和共享中心”窗口

（2）在“网络和共享中心”窗口中，用鼠标点击“以太网 2”，打开“以太网 2 状态”对话框中的“常规”选项卡，如图 3-27 所示。

图 3-27 “以太网 2 状态”对话框

（3）点击“属性”按钮，在弹出的“以太网 2 属性”对话框中，查看“此连接使用下列项目”列表框中是否含有“Microsoft 网络客户端”和“Internet 协议版本 4（TCP/IPv4）”项，默认情况下 Windows 10 中都已经安装了这两项，不用单独安装。如果不小心删除了，可以单击“安装”按钮重新安装。

（4）在“以太网 2 属性”对话框中的“网络”选项卡中，选择“Internet 协议版本 4（TCP/IPv4）”项，然后单击“属性”按钮，出现设置 IP 地址及子网掩码对话框，如图 3-28 所示。

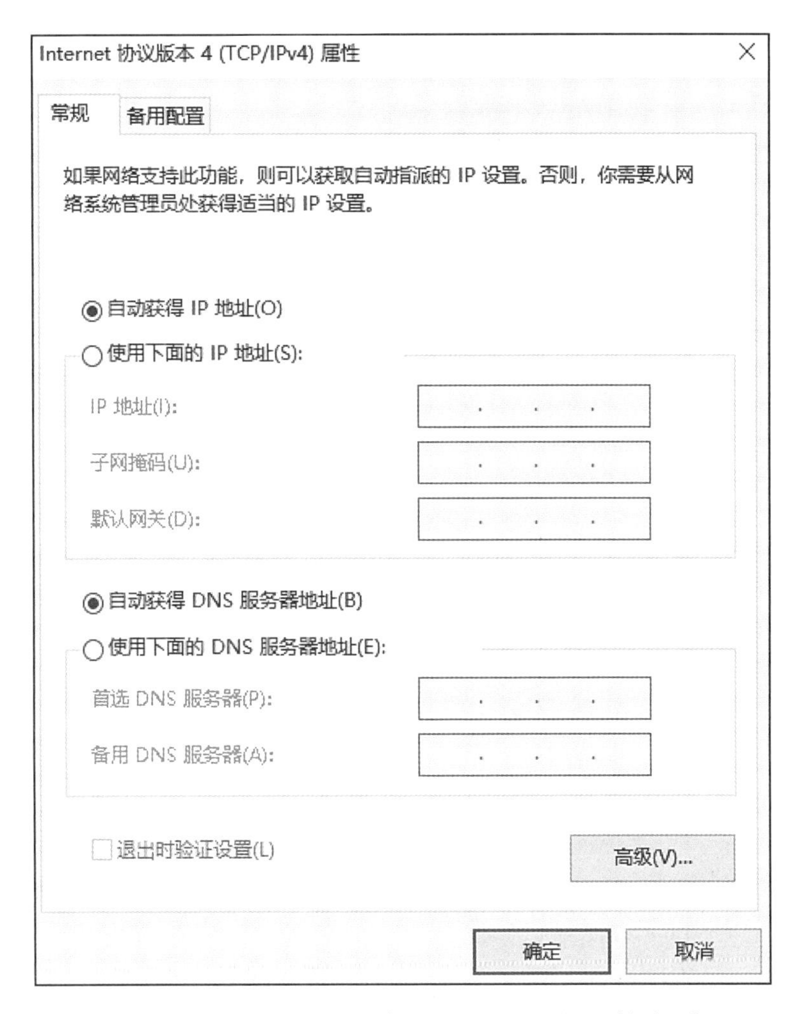

图 3-28 “Internet 协议版本 4（TCP/IPv4）”属性对话框

（5）在“Internet 协议（TCP/IP）属性”对话框中选择“使用下面的 IP 地址”和“使用下面的 DNS 服务器地址”，并按图 3-29、图 3-30 和图 3-31 所示将 3 台计算机的 IP 地址分别设为“192.168.0.2”、“192.168.0.3”和“192.168.0.4”，子网掩码都为“255.255.255.0”，其他地方不用填写。

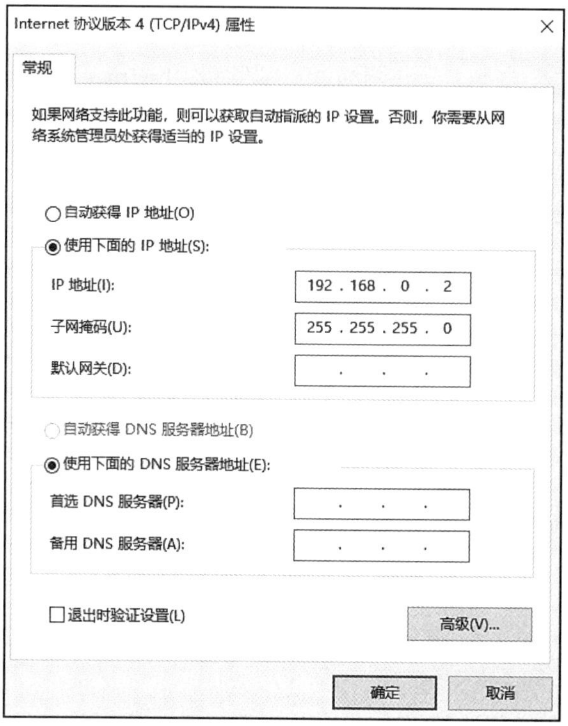

Internet 协议版本 4 (TCP/IPv4) 属性

常规

如果网络支持此功能，则可以获取自动指派的 IP 设置。否则，你需要从网络系统管理员处获得适当的 IP 设置。

○自动获得 IP 地址(O)

◉使用下面的 IP 地址(S):

IP 地址(I): 192 . 168 . 0 . 2

子网掩码(U): 255 . 255 . 255 . 0

默认网关(D): . . .

○自动获得 DNS 服务器地址(B)

◉使用下面的 DNS 服务器地址(E):

首选 DNS 服务器(P): . . .

备用 DNS 服务器(A): . . .

☐退出时验证设置(L) 高级(V)...

确定 取消

图 3-29 “Internet 协议版本 4（TCP/IPv4）属性”对话框一

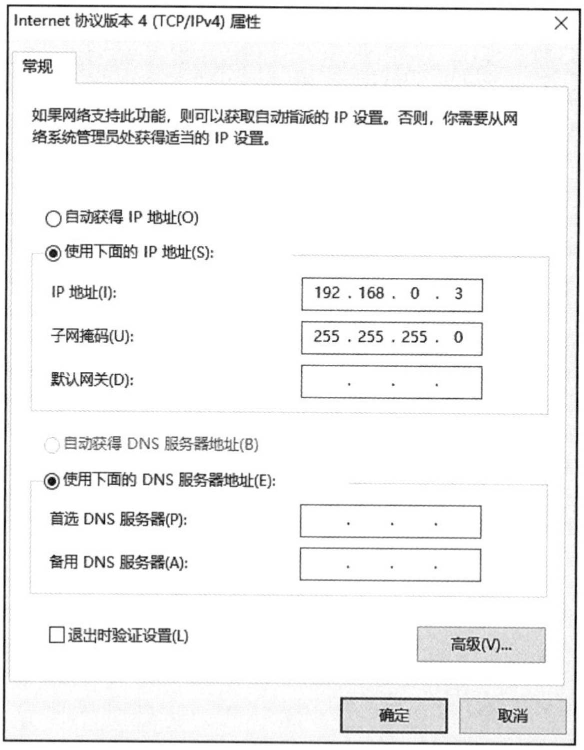

Internet 协议版本 4 (TCP/IPv4) 属性

常规

如果网络支持此功能，则可以获取自动指派的 IP 设置。否则，你需要从网络系统管理员处获得适当的 IP 设置。

○自动获得 IP 地址(O)

◉使用下面的 IP 地址(S):

IP 地址(I): 192 . 168 . 0 . 3

子网掩码(U): 255 . 255 . 255 . 0

默认网关(D): . . .

○自动获得 DNS 服务器地址(B)

◉使用下面的 DNS 服务器地址(E):

首选 DNS 服务器(P): . . .

备用 DNS 服务器(A): . . .

☐退出时验证设置(L) 高级(V)...

确定 取消

图 3-30 “Internet 协议版本 4（TCP/IPv4）属性”对话框二

Internet 协议版本 4 (TCP/IPv4) 属性

常规

如果网络支持此功能，则可以获取自动指派的 IP 设置。否则，你需要从网络系统管理员处获得适当的 IP 设置。

自动获得 IP 地址(O)
使用下面的 IP 地址(S):
IP 地址(I): 192 . 168 . 0 . 4
子网掩码(U): 255 . 255 . 255 . 0
默认网关(D): . . .
自动获得 DNS 服务器地址(B)
使用下面的 DNS 服务器地址(E):
首选 DNS 服务器(P): . . .
备用 DNS 服务器(A): . . .
退出时验证设置(L)
高级(V)...
确定
取消

图 3-31 “Internet 协议版本 4（TCP/IPv4）属性”对话框三

【步骤 4】 网络连通性测试。

完成各类配置后，可对网络进行测试，以检测网络是否连通。

（1）单击桌面左下角“开始”，选择“运行”，弹出如图 3-32 所示对话框。

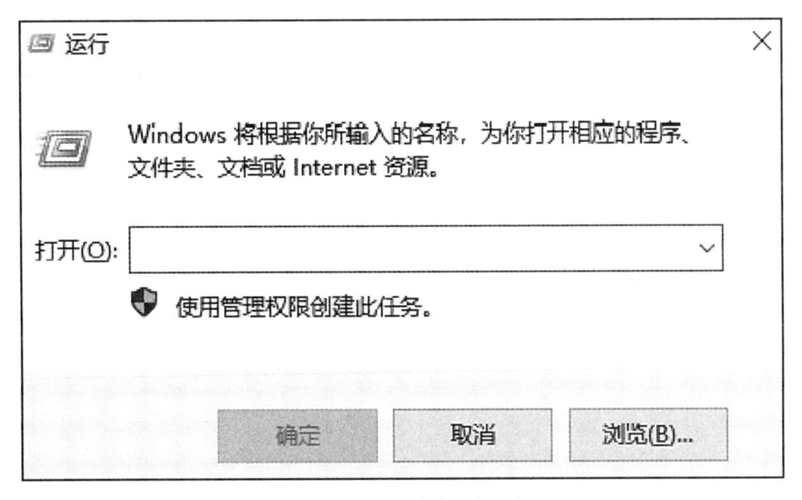

图 3-32 “运行”对话框

（2）在“打开”文本框中输入“cmd”，弹出如图 3-33 所示窗口。

图 3-33　测试窗口

（3）在命令提示符“>”后输入 ping 命令测试两台机器的连通性，例如在命令提示符后输入“ping 192.168.0.3　t”，敲击“回车”即可。如果网络连通，则会出现类似图 3-34 所示的反馈信息。

```
C:\WINDOWS\system32\cmd.exe - ping 192.168.0.3 -t
Microsoft Windows XP [版本 5.1.2600]
(C) 版权所有 1985-2001 Microsoft Corp.

C:\Documents and Settings\Administrator>ping 192.168.0.3 -t

Pinging 192.168.0.3 with 32 bytes of data:

Reply from 192.168.0.3: bytes=32 time<1ms TTL=128
Reply from 192.168.0.3: bytes=32 time<1ms TTL=128
Reply from 192.168.0.3: bytes=32 time<1ms TTL=128
Reply from 192.168.0.3: bytes=32 time<1ms TTL=128
Reply from 192.168.0.3: bytes=32 time<1ms TTL=128
Reply from 192.168.0.3: bytes=32 time<1ms TTL=128
Reply from 192.168.0.3: bytes=32 time<1ms TTL=128
```

图 3-34　网络连通反馈信息

实验 3.3　组建家庭无线局域网

【实验目的】

视频：无线局域网实验

- 了解构建家庭无线局域网的过程；
- 掌握无线路由器等相关设备的物理连接；
- 掌握使用无线路由器配置家庭无线局域网的技能；
- 培养学生对设备的使用能力以及对知识的学习探究能力。

【实验内容】

- 画出网络拓扑结构图；
- 使用无线路由器设备组建 2 台笔记本电脑和 2 台 PC 电脑的局域网；
- 测试局域网中计算机之间的互通性。

【实验原理】

无线局域网(Wireless Local Area Network,简称 WLAN)由无线网卡和无线接入点(Access Point，简称 AP)组成。简单地说，WLAN 是指不需要网络电缆就能无线发送和接收数据的局域网。只要无线路由器或无线 AP 安装在终端上，就可以实现无线连接。

无线局域网的基础仍然是传统的有线局域网，即有线局域网的扩展和替代，它仅通过无线集线器、无线接入节点（AP)、无线桥接器、无线网卡等设备，在有线局域网的基础上实现无线通信。下面以最广泛使用的无线网卡为例，介绍无线局域网的工作原理。

一个无线网卡主要包括三个功能块：网卡单元、扩频通信器和天线。网卡单元属于数据链路层，负责建立主机与物理层的连接；扩频通信器与物理层建立对应关系，实现无线电信号的接收和发射。当计算机要接收信息时，扩频通信器通过网络天线接收信息，并对信息进行处理以确定是否将其发送到网卡单元。如果是，则将信息帧移交给 NIC 单元，否则丢弃。如果扩频通信器发现接收信号中存在错误，则通过天线向对方发送错误消息，并通知发送方重新发送信息帧。当计算机要发送信息时，主机先将要发送的信息传送给网卡单元，网卡单元先监视信道是否空闲。

【实验设备】

- 2 台（带无线网卡）台式电脑；
- 2 台（内置无线网卡）笔记本电脑；
- 1 个“TP-LINK”的无线路由器。

【实验步骤】

[步骤 1] 网络拓扑图电脑中的地址都是通过 MAC 地址绑定好后，再由无线路由器设置的 DHCP 自动分配的。一般家庭无线网络的网络拓扑图如图 3-35 所示。

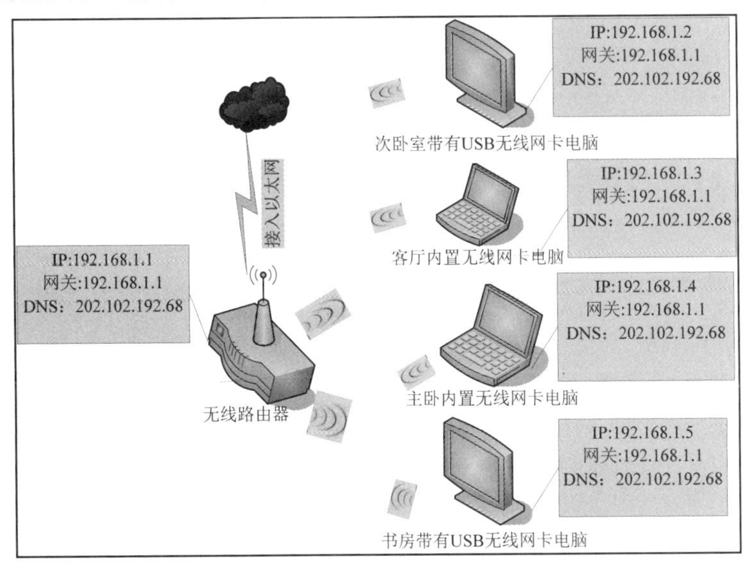

图 3-35 一般家庭无线网络拓扑图

[步骤 2]　按照本章【实验 2】的步骤将 2 台笔记本和 2 台 PC 电脑的 IP 地址、网关和 DNS 配置好。

[步骤 3]　TP-LINK Wireless N Router WR841N 服务器要求用户名和密码验证，一般默认用户和密码都为“admin”，如图 3-36 所示。

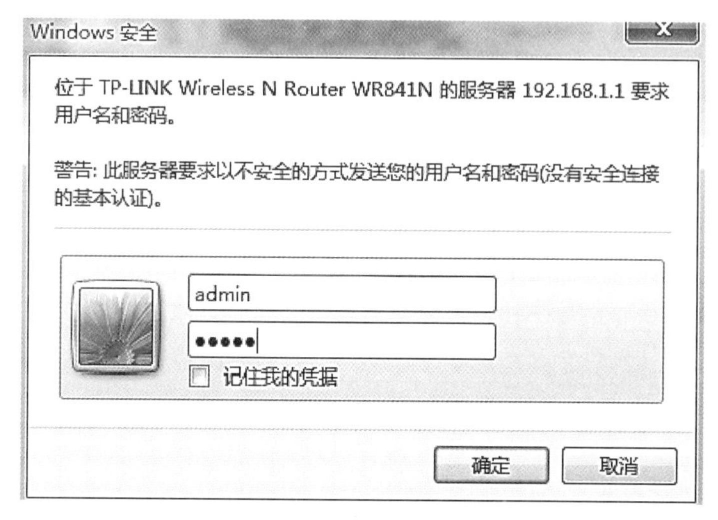

图 3-36　TP-LINK 登录界面

[步骤 4]　当对 TP-LINK 服务器进行配置时，需要熟悉它的配置环境，如图 3-37 所示。

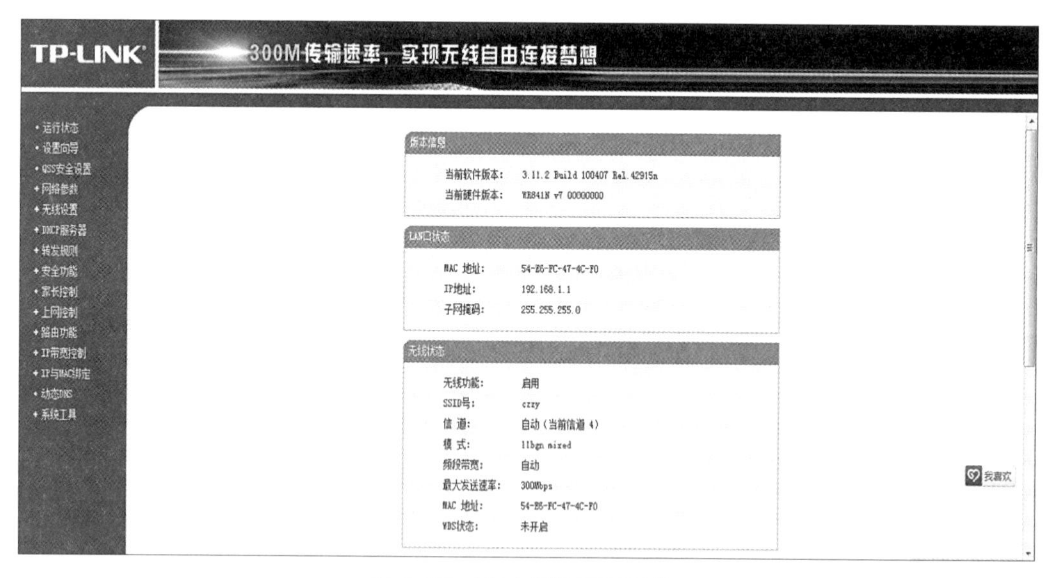

图 3-37　TP-LINK 配置环境

[步骤 5]　熟悉了服务器配置环境熟后，就可以配置了，鼠标单击“设置向导”，会弹出图 3-38 所示界面。

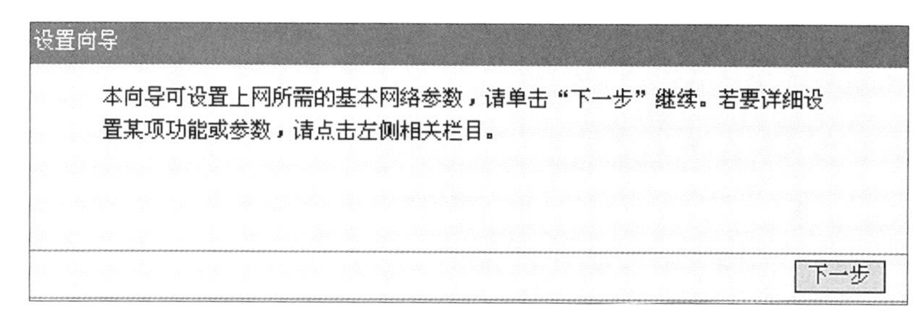

图 3-38　设置向导界面

[步骤 6]　如图 3-39 所示，根据自己的需要，上网方式有四种可以选择：让路由器自动选择上网方式、PPoe、动态 IP、静态 IP，这里选择 PPoe 上网方式，然后鼠标右键单击对话框下面的“下一步”按钮。

设置向导-上网方式

本向导提供三种最常见的上网方式供选择。若为其它上网方式，请点击左侧“网络参数”中“WAN口设置”进行设置。如果不清楚使用何种上网方式，请选择“让路由器自动选择上网方式”。

让路由器自动选择上网方式（推荐）
PPPoE（ADSL虚拟拨号）
动态IP（以太网宽带，自动从网络服务商获取IP地址）
静态IP（以太网宽带，网络服务商提供固定IP地址）

上一步　下一步

图 3-39　上网方式选择对话框

[步骤 7]　将自己的账号和密码输进去，然后单击“下一步”按钮，如图 3-40 所示。

设置向导

请在下框中填入网络服务商提供的ADSL上网帐号及口令，如遗忘请咨询网络服务商。

上网账号：18949780387
上网口令：••••••

上一步　下一步

图 3-40　上网账号和口令配置界面

[步骤 8]　在第二步的基础上，根据自己需要，应该能比较清晰地对无线网配置了，但值得注意的是无线网的加密方式，如图 3-41 所示。

[步骤 9]　至此，已基本完成配置，鼠标右键单击“完成”按钮，如图 3-42 所示。

[步骤 10]　启动一台装有无线网卡及驱动的台式电脑，本系统为 Windows 10，打开无线网络连接，搜索无线网络，输入无线路由器设置共享后的安全密钥，然后鼠标右键单击“确定”按钮，此时就会自动连接上无线网，如图 3-43 所示。

设置向导 - 无线设置

本向导页面设置路由器无线网络的基本参数以及无线安全。

无线状态：开启

SSID：czzy

信道：自动

模式：11bgn mixed

频段带宽：自动

最大发送速率：300Mbps

无线安全选项：

为保障网络安全，强烈推荐开启无线安全，并使用WPA-PSK/WPA2-PSK AES加密方式。

不开启无线安全

WPA-PSK/WPA2-PSK

PSK密码：12345678

（8-63个ACSII码字符或8-64个十六进制字符）

不修改无线安全设置

上一步　下一步

图 3-41　无线设置界面

设置向导

设置完成，单击“完成”退出设置向导。

提示：若路由器仍不能正常上网，请点击左侧“网络参数”进入“WAN口设置”栏目，确认是否设置了正确的WAN口连接类型和拨号模式。

上一步　完 成

图 3-42　设置向导对话框

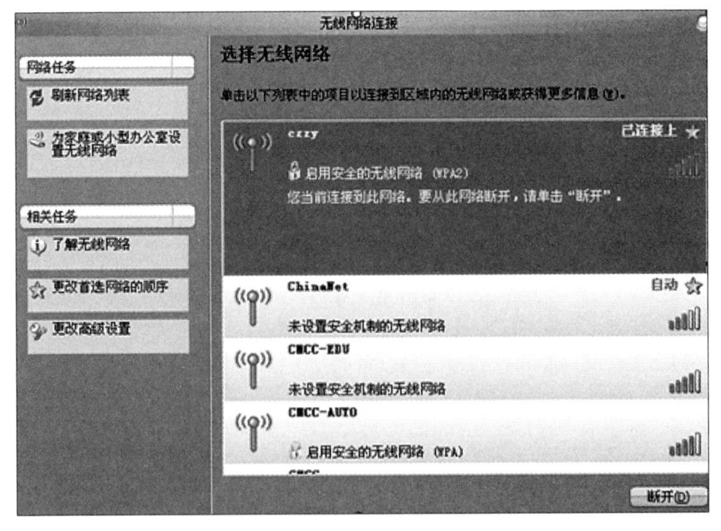

图 3-43　无线网络连接对话框

连接上后，可以试着打开一个网页检测一下，这里就在“运行”下用“ping”命令进行检测，如图 3-44 所示。

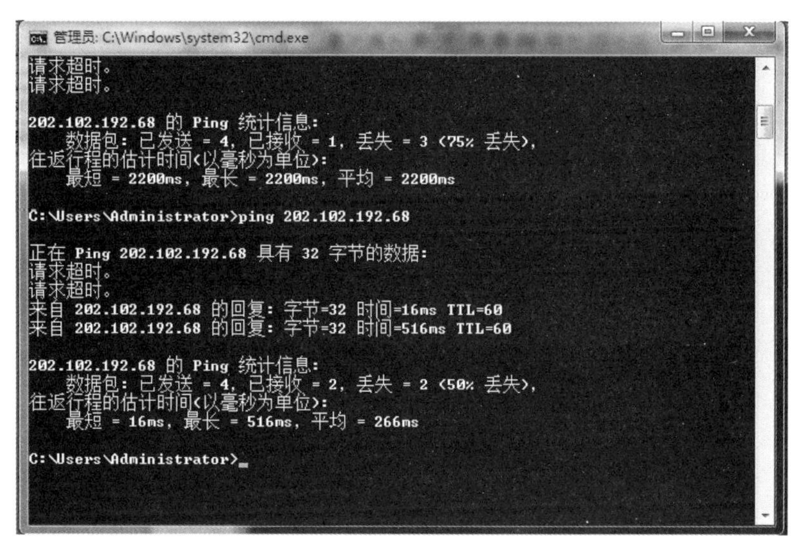

图 3-44　网络测试界面

[步骤 11]　用笔记本测试，笔记本中内置有无线网卡，当有共享无线网络可用后，只要打开笔记本无线网络连接就能搜到所共享的网络，输入安全密钥，鼠标右键单击“确定”即可，如图 3-45 所示，表示已连接。

图 3-45　当前连接界面

连接上后，可以试着打开一个网页检测一下，这里就在“运行”下用“ping”命令进行检测，如图 3-46 所示。

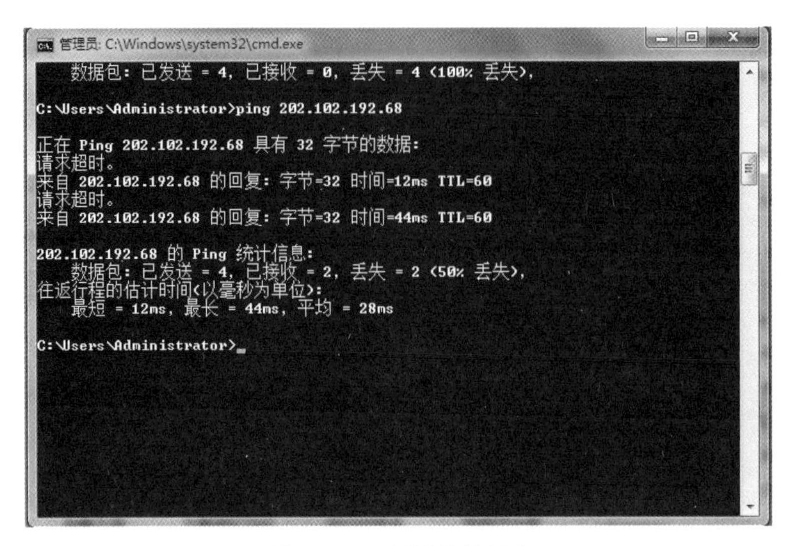

图 3-46　网络测试界面

实验 3.4　IP 地址解析实现对等网通信

【实验目的】

- 理解物理地址和 IP 地址的关系；
- 掌握 IP 地址解析的原理；
- 掌握静态映射与动态映射应用。

视频：IP 地址解析实验

【实验内容】

- 绘制网络拓扑结构图；
- 组建由 2 台计算机构成的对等网；
- 使用 PT 工具抓包分析地址解析过程。

【实验原理】

IP 协议（Internet Protocol）又称互联网协议，是支持网间互连的数据报协议，它与 TCP 协议（传输控制协议）一起构成了 TCP/IP 协议族的核心。它提供网间连接的完善功能，包括 IP 数据报规定互连网络范围内的 IP 地址格式。 Internet 上，为了实现连接到互联网上的节点之间的通信，必须为每个节点（入网的计算机）分配一个地址，并且应当保证这个地址是全网唯一的，这便是 IP 地址。

MAC 地址是固化在适配器（网卡）中的地址，所以是主机的物理地址，每一个适配器都有一个唯一的 MAC 地址，MAC 地址由 48 位二进制位组成。

ARP 是解决同一个局域网上的主机或路由器的 IP 地址和硬件地址的映射问题。解决这个问题的方法是在主机 ARP 高速缓存中存放一个从 IP 地址到硬件地址的映射表。

【实验步骤】

[步骤 1]　计算机 A 首先会查找自己的 ARP 高速缓存表，查看计算机 B 的 IP 地址是否已经有一个匹配的 MAC 地址，如图 3-47 所示。

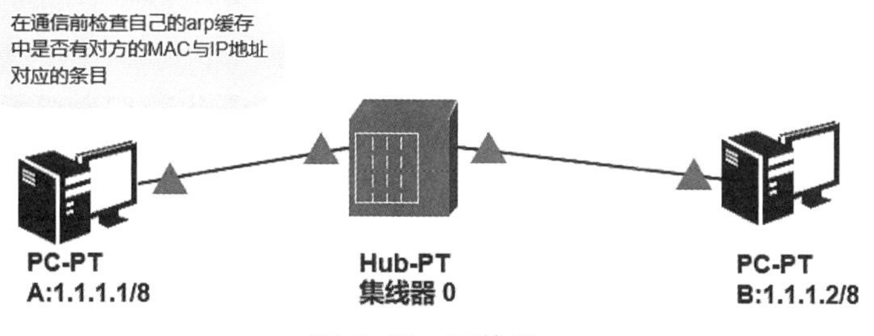

图 3-47　拓扑图 1

我们在 Windows 系统中可以通过命令行输入 arp -a 查看，如图 3-48 所示。

```
Packet Tracer PC Command Line 1.0
C:\>arp -a
No ARP Entries Found
C:\>
```

图 3-48　输入 ARP 命令

[步骤 2]　如果没有找到想要通信 IP 对应的 MAC 地址，那么计算机 A 就会向网络发送一个广播信息，询问每一个计算机某某 IP 的 MAC 地址是啥，具有该 IP 地址的计算机就会向计算机 A 回应自己的 MAC 地址，如图 3-49 所示。

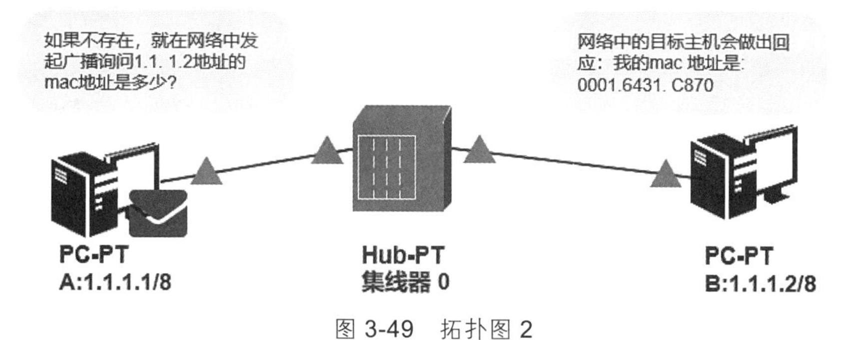

图 3-49　拓扑图 2

[步骤 3]　计算机 A 接收到回应的 MAC 地址后，就会将该条目存储到自己的 ARP 高速缓存表中，然后就可以与之进行通信了，如图 3-50 所示。

图 3-50　输入命令

注意：ARP 高速缓存表的条目有两种类型：动态条目和静态条目。

① 动态条目是自动添加的，当网络设备向网络中发送一个广播信息，询问某个设备的 MAC 地址得到回应后添加的，就像上面介绍的那样。

动态条目不是永久性的，而是会定期刷新的。这样 ARP 高速缓存表就不会因为未使用的条目而一直增加，如图 3-51 所示。

图 3-51　返回结果 1

② 静态条目是由用户使用 ARP 命令行工具手动添加的 IP 地址和 MAC 地址的对应关系。

在 Windows 系统中，命令行输入“ arp -s ip 地址　mac 地址　” 即可添加，如图 3-52 所示。

```
C:\Users\TXJ>arp -a

接口: 192.168.2.100 --- 0xf
  Internet 地址         物理地址              类型
  192.168.2.1           d0-76-e7-d9-f1-d8     动态
  192.168.2.255         ff-ff-ff-ff-ff-ff     静态
  224.0.0.2             01-00-5e-00-00-02     静态
  224.0.0.22            01-00-5e-00-00-16     静态
  224.0.0.251           01-00-5e-00-00-fb     静态
  224.0.0.252           01-00-5e-00-00-fc     静态
  239.11.20.1           01-00-5e-0b-14-01     静态
  239.255.255.250       01-00-5e-7f-ff-fa     静态
  255.255.255.255       ff-ff-ff-ff-ff-ff     静态
```

图 3-52　返回结果 2

本章小结

局域网技术是当前计算机网络研究和应用的热点之一，本章先讲述了局域网的基本概念、工作原理、网络拓扑结构，以及通信中使用的协议 IP 地址及其规划，之后通过几个实验 2 介绍了多种情景的局域网组网应用。

习　题

1. 什么是局域网？局域网的主要特点有哪些？
2. 局域网的硬件系统由哪些部分组成？
3. IEEE802 委员会指定了什么标准？

4. 局域网将数据链路层分为哪两个子层？它们分别有什么作用？

5. 局域网常见的拓扑结构有哪些？

6. 什么是无线局域网？

7. 在 192.168.1.0/24 的 C 类主网络内，需要划分出 1 个可容纳 100 台主机的子网、1 个可容纳 50 台主机的子网，2 个可容纳 25 台主机的子网，应该如何划分？

第 4 章　局域网的应用

局域网（Local Area Network，LAN）是指在某一区域内由多台计算机互联成的计算机组。一般是方圆几千米以内。局域网可以实现文件管理、即时通信、应用软件共享、打印机共享、工作组内的日程安排、电子邮件和传真通信服务等功能。局域网是封闭型的，可以由办公室内的两台计算机组成，也可以由一个公司内的上千台计算机组成。

本章将通过实验来实现局域网的简单应用，实验包括：局域网共享文件资源、“飞秋软件”局域网聊天和局域网共享打印机。

实验 4.1　局域网共享文件资源

【实验目的】

视频：局域网资源共享

- 掌握 TCP/IP 属性设置。
- 通过文件共享初步理解网络的作用。
- 掌握如何设置文件共享，对共享文件夹进行读写操作。

【实验内容】

- 共享文件夹概述；
- 创建与管理共享文件夹；
- 访问共享文件夹。

【实验原理】

在网络中，用户通常通过以下两种方式访问计算机中的文件资源：

① 交互式访问：用户通过其所在计算机上的鼠标和键盘直接访问文件资源。

② 网络访问：用户与文件资源不在同一台计算机上，用户需要通过网络访问这些文件资源。

1. 理解共享文件夹

默认情况下，计算机上的文件资源只能由计算机上的用户访问。如果希望网络上的其他用户访问本地文件资源，则必须共享这些文件资源。请注意，文件不能在 Windows 计算机上共享，而只能共享文件夹，这称为共享文件夹。

当共享文件夹时，文件夹下面会出现一个双人标记，用户可以在另一台计算机上通过网络访问共享文件夹的内容。

2. 共享文件夹的权限

从安全的角度来看，共享文件夹之后，应该进一步限制哪些用户以何种方式访问它，这就需要设置对共享文件夹的访问权限。

共享文件夹的访问权限有以下 3 种类型：

（1）读取：这个权限允许用户：

- 查看共享文件夹中的文件名和子文件夹名；
- 查看文件中的内容；
- 运行共享文件夹中的程序文件。

（2）更改：这个权限除了允许用户具有“读取”权限外，还能：

- 向共享文件夹中添加文件和子文件夹；
- 对文件中的内容进行修改；
- 删除共享文件夹中的子文件夹和文件。

（3）完成控制：允许用户具有“读取”“更改”权限外，还具有更改权限的能力。

注意：共享文件夹只对用户通过网络访问这个文件夹时起约束作用，如果用户在本机上进行访问，则不会受到共享文件夹权限的限制。

【实验设备】

- 多台计算机；
- 1 个交换机；
- 多根网线。

【实验步骤】

[步骤 1] 按照实验 3.2 的步骤，搭建好局域网环境后，局域网中的计算机都能够互相 ping 通。

[步骤 2] 用鼠标双击桌面上“此电脑”，打开“此电脑”窗口。

[步骤 3] 右击“本地磁盘（D）”，在弹出的快捷菜单中选择“共享和安全”选项，弹出“本地磁盘（D）属性”对话框；选择“共享”选项卡，如图 4-1 所示。

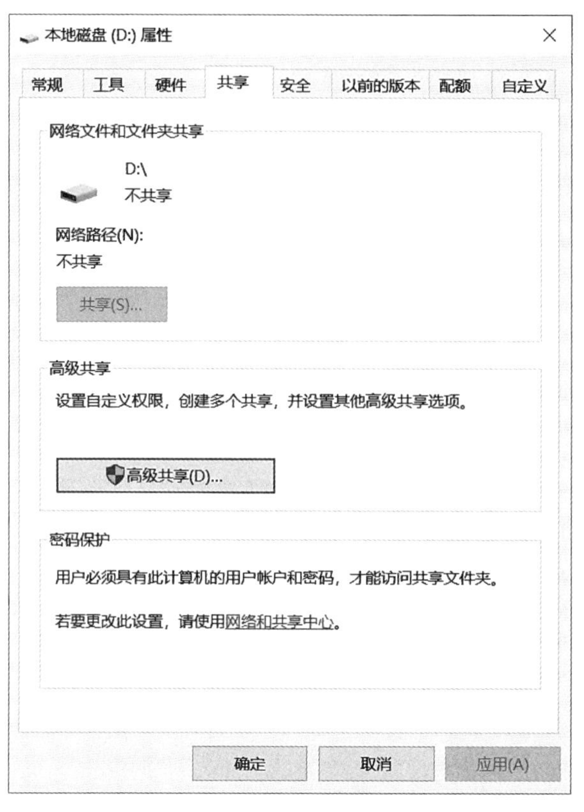

图 4-1 “本地磁盘（D）属性”对话框

[步骤 4] 单击对话框中的“高级共享”按钮，弹出“高级共享”对话框，如图 4-2 所示。

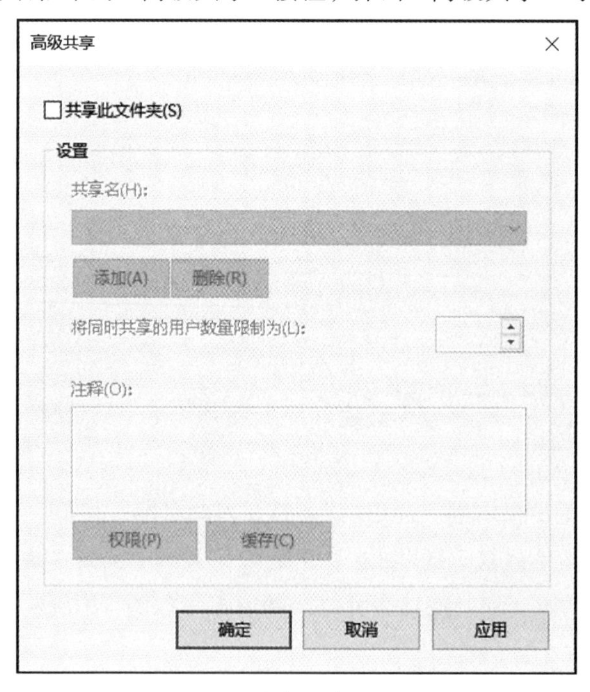

图 4-2 “高级共享”对话框

[步骤 5]　在“高级共享”对话框中，勾选“共享此文件夹”前的选项框，下方的“设置”区域处于激活状态，“共享名”默认为当前磁盘名，点击下方的“添加”按钮，如图 4-3 所示。

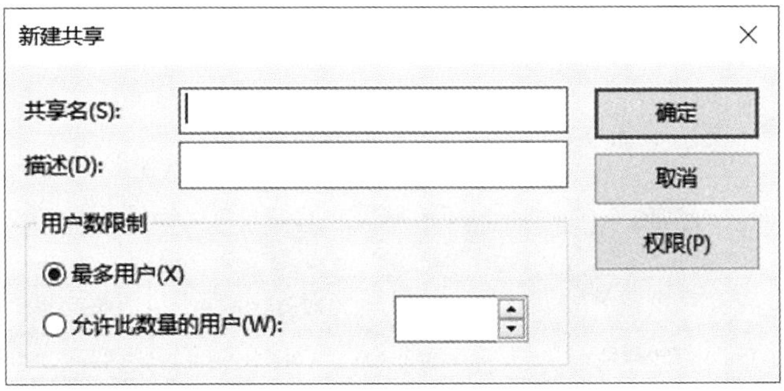

图 4-3　“新建共享”对话框

[步骤 6]　在“新建共享”对话框中的“共享名”输入框中输入名称如“share”，单击“确定”按钮，返回“高级共享”对话框，如图 4-4 所示。

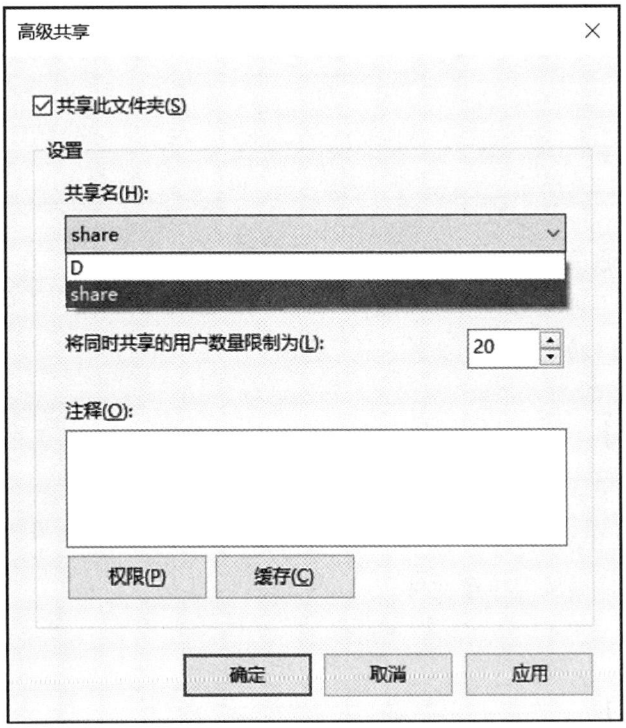

图 4-4　“高级共享”对话框

[步骤 7]　在“高级共享”对话框中还可以设置文件夹的访问权限，权限有“完全控制”“更改”和“读取”三种，单击“确定”按钮，完成文件的共享设置。

[步骤 8]　在“此电脑”窗口中可以看到，“本地磁盘（D）”的左下方有个双人图标，表示 D 盘上所有的文件已经对所有的网络用户开放，网络用户可以通过“网络”访问共享硬盘下资源，如图 4-5 所示。

图 4-5 正确共享窗口

实验 4.2 “飞秋软件”局域网聊天

【实验目的】

视频：局域网即时通信

- 了解局域网通信基本原理；
- 熟悉局域网通信的软件应用；
- 掌握局域网工具飞秋的基本功能；
- 掌握飞秋软件聊天和传输文件。

【实验内容】

- 下载和安装飞秋软件；
- 使用飞秋软件局域网聊天；
- 使用飞秋软件局域网传送文件；
- 关闭防火墙。

【实验原理】

飞秋（FeiQ）是一款局域网聊天传送文件的绿色软件，它参考了飞鸽传书（IPMSG）和 QQ，完全兼容飞鸽传书（IPMSG）协议，具有局域网传送方便、速度快、操作简单的优点，同时具有 QQ 中的一些功能，如图 4-6 所示。飞秋（FeiQ）是一款局域网内即时通信软件，基于 TCP/IP（UDP）；完全兼容网上广为流传的飞鸽传书并比原来飞鸽功能更加强大；不需要服务器支持。

图 4-6 飞秋软件界面

【实验设备】

- 多台计算机；
- 1 个交换机；
- 多根网线。

【实验步骤】

[步骤 1] 按照实验 3.2 的步骤，搭建好局域网环境后，局域网中的计算机都能够互相 ping 通。

[步骤 2] 下载飞秋软件（飞秋软件的官网地址：http://www.feiq18.com/）。

[步骤 3] 在计算机中双击启动“飞秋软件”。

[步骤 4] 找到右下角的网络的标志，对着右击，选择“打开网络和共享中心”。

[步骤 5] 找到“Windows 防火墙”并左击，如图 4-7 所示。

图 4-7 “网络和共享中心”对话框

[步骤 6] 找到“启动或关闭 Windows 防火墙”并左击，如图 4-8 所示。

[步骤 7] 选择关闭防火墙。点击确定按钮，如图 4-9 所示。

图 4-8 “Windows 防火墙”对话框

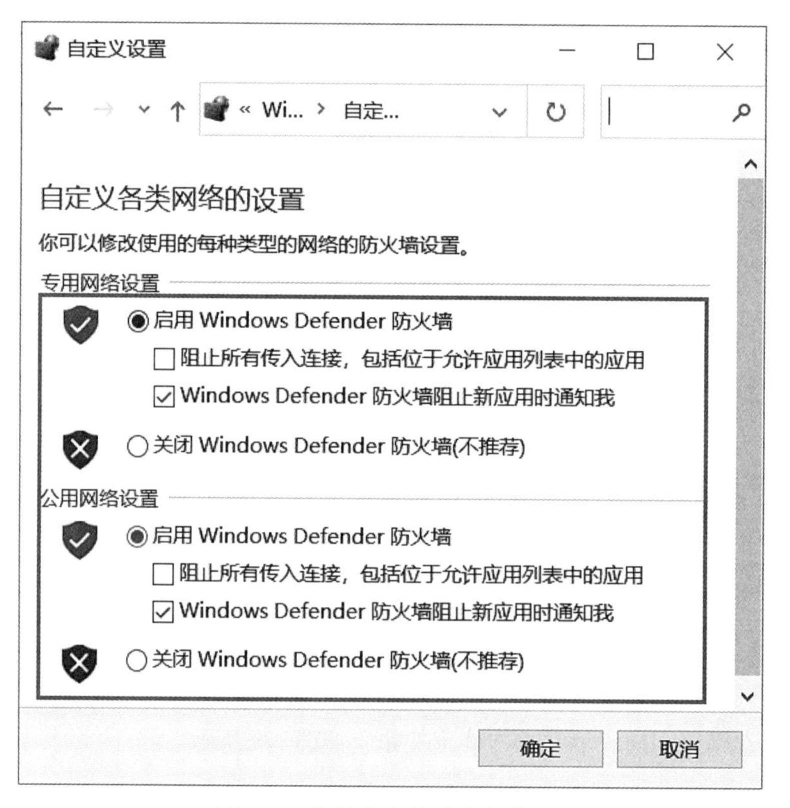

图 4-9 设置防火墙启动和关闭

实验 4.3　局域网共享打印机

【实验目的】

视频：局域网

共享打印机

- 掌握 TCP/IP 属性设置；
- 通过共享打印机理解网络的应用；
- 掌握如何设置局域网打印机共享。

【实验内容】

- 配置打印客户机；
- 打印机的高级配置；
- 在局域网计算机中添加打印机。

【实验原理】

在局域网中共享打印机，一般的拓扑结构如图 4-10 所示。

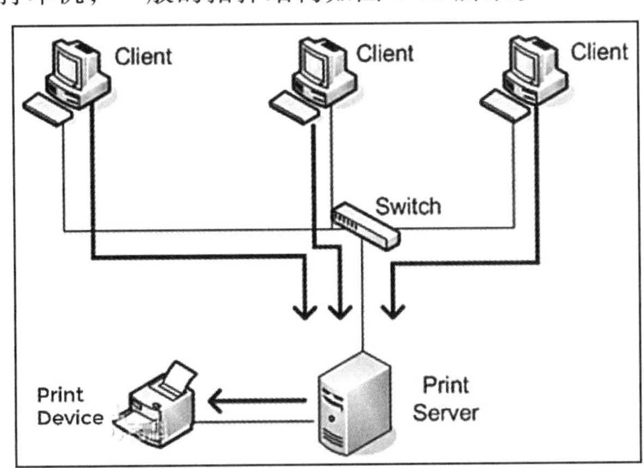

图 4-10　共享打印机拓扑图

打印设备：执行打印操作的物理设备，也称为物理打印机。

打印服务器：管理打印设备并向网络用户提供打印功能的计算机。它负责接收客户端发送的文档并发送到打印设备进行打印。

打印客户端：向打印服务器提交文档并请求打印的计算机。在此计算机上，用户将其文档提交到打印服务器。

打印机（逻辑打印机）：这里的打印机指的不是物理打印设备，而是应用程序和打印设备之间的软件接口。打印机需要安装在打印服务器上，打印服务器一方面负责管理打印设备，另一方面负责接收客户端提交的文档并发送到打印设备进行打印。此外，客户端还需要安装打印机，用户可以使用打印机向打印服务器提交自己的文档。

打印机驱动程序：在安装打印机时，还需要安装适当的打印机驱动程序。当打印服务器向打印设备提交文档时，打印机驱动程序负责将文档转换为打印设备可以理解的格式。

【实验设备】

- 1台打印机；
- 多台计算机；
- 操作系统 Windows 10 教育版及以上。

【实验步骤】

1. 取消禁用 Guest 用户

【步骤1】点击“开始”按钮，右键单击“计算机”，选择“管理”，如图4-11所示。

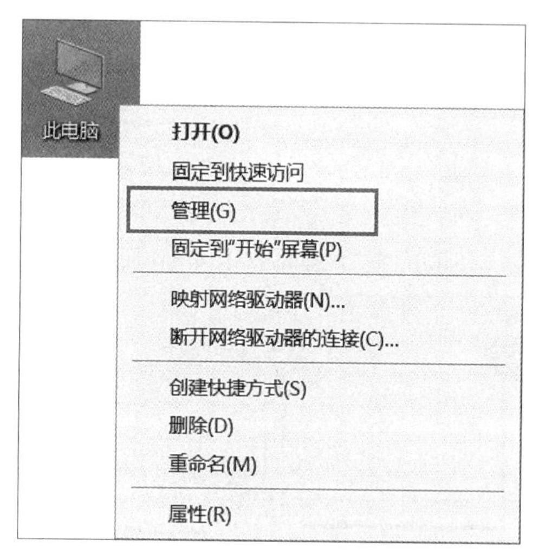

图4-11 “管理”菜单

[步骤2] 在弹出的“计算机管理”对话框中的本地用户和组列表中找到“Guest”用户，如图4-12所示。

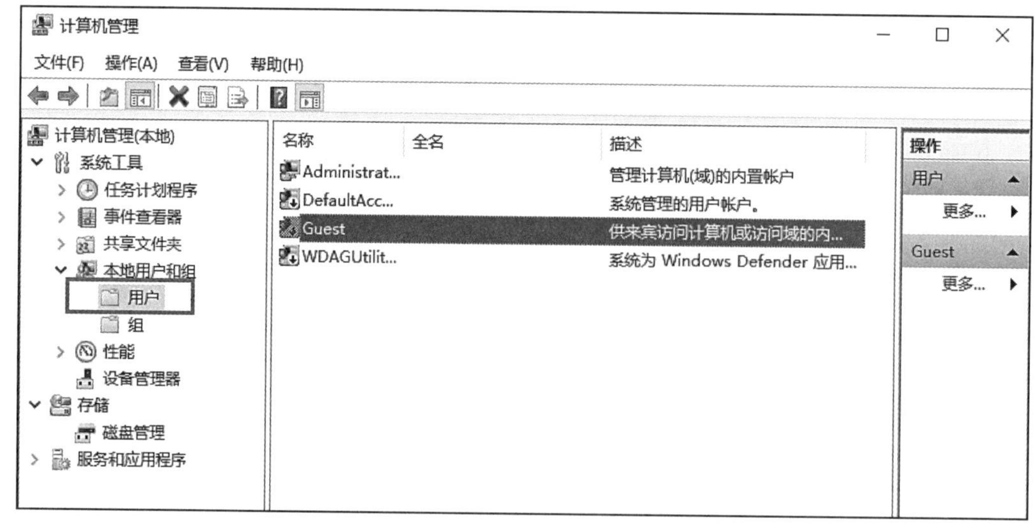

图4-12 查看“Guest”用户

[步骤 3]　双击“Guest”，打开“Guest 属性”窗口，确保“账户已禁用”选项没有被勾选，如图 4-13 所示。

图 4-13　“Guest 属性”对话框

2. 共享目标打印机

[步骤 1]　快捷键“Win+I”，选择“设置”，选择设备与打印机，如图 4-14 和图 4-15 所示。

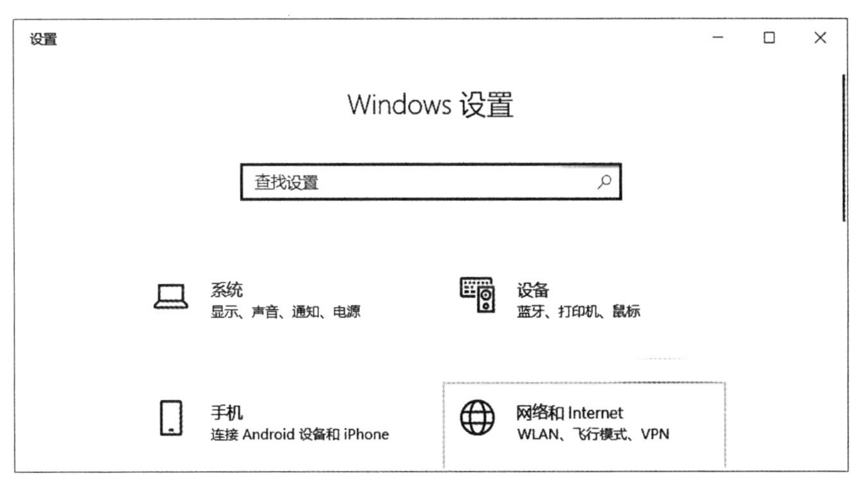

图 4-14　“Windows 设置”对话框

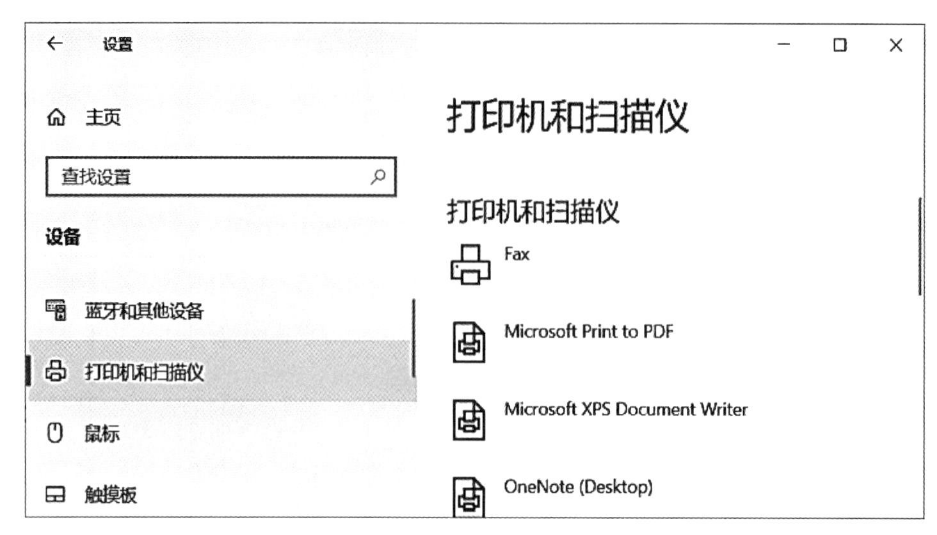

图 4-15 “设备与打印机”菜单项

[步骤 2] 在弹出的窗口中找到想共享的打印机（前提是打印机已正确连接，驱动已正确安装），右键单击该打印机，选择“打印机属性”，如图 4-16 所示。

图 4-16 “设备打印机”对话框

[步骤 3] 切换到“共享”选项卡，勾选“共享这台打印机”，并且设置一个共享名（请记住该共享名，后面的设置可能会用到），如图 4-17 所示。

图 4-17 “打印机属性”对话框

3. 进行高级共享设置

[步骤 1] 在右下角系统托盘的网络连接图标上单击右键，选择“打开网络和 Internet 设置”，如图 4-18 所示。

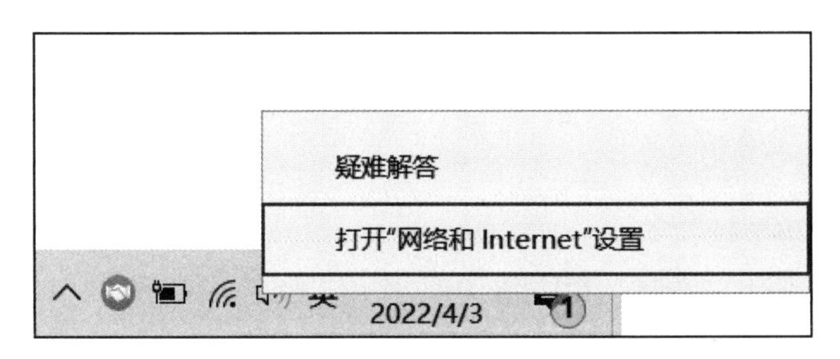

图 4-18 “打开网络和 Internet 设置”菜单

[步骤 2] 单击列表中的“更改高级共享设置”，如图 4-19 所示。

图 4-19 “网络和共享中心”对话框

[步骤 3] 具体设置可参考图 4-20 和图 4-21 所示，其中的关键选项已经用矩形框标示，设置完成后不要忘记保存修改。

图 4-20 设置“来宾或公用”中的“文件和打印机共享”

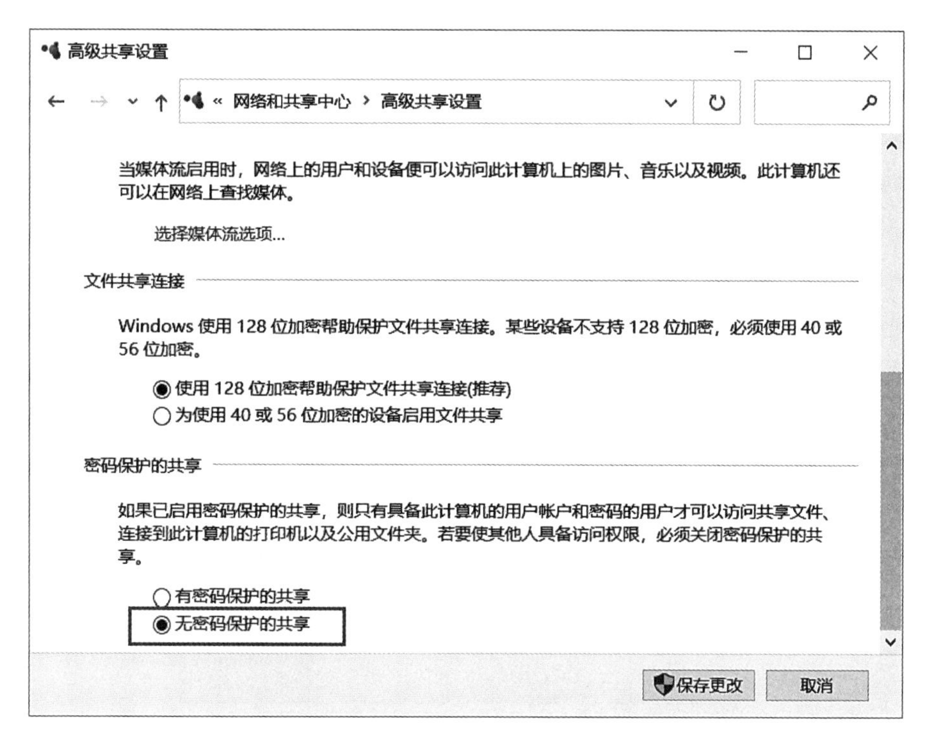

图 4-21　设置“所有网络”中的“密码保护的共享”

注意：如果是工作或专用网络，具体设置和上面的情况类似，相应地应该设置选项，如图 4-22 所示。

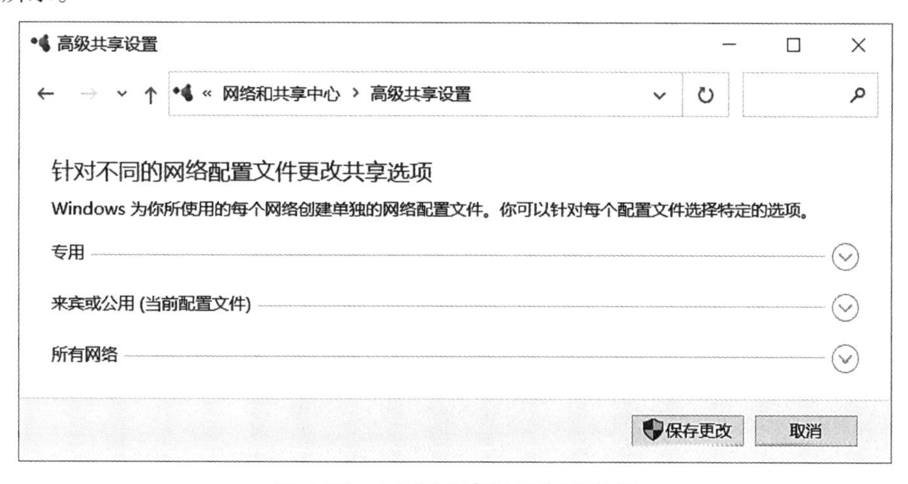

图 4-22　“高级共享设置”对话框

4. 设置工作组

在添加目标打印机之前，首先要确定局域网内的计算机是否都处于一个工作组，具体过程如下：

[步骤 1]　点击“开始”按钮，在“计算机”上单击右键，选择“属性”，如图 4-23 所示。

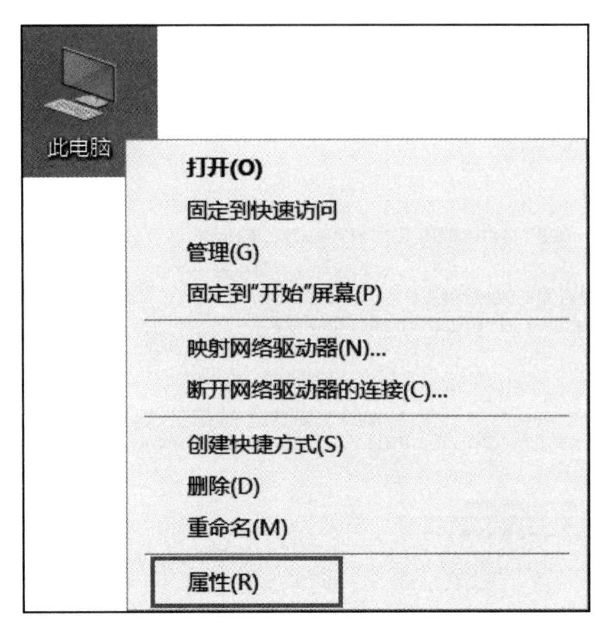

图 4-23

[步骤 2]　在弹出的窗口中找到工作组，如果计算机的工作组设置不一致，请点击“更改设置”，如图 4-24 所示；如果一致可以直接退出，跳到第 5 步。

图 4-24　“系统”对话框

[步骤 3]　如果处于不同的工作组，可以在此窗口中进行设置，如图 4-25 所示。

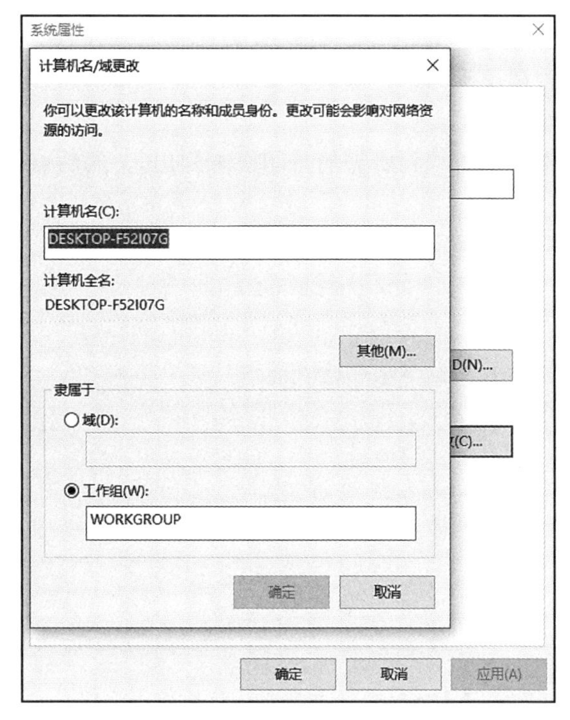

图 4-25 “计算机名/域更改”对话框

注意：此设置要在重启后才能生效，所以在设置完成后不要忘记重启一下计算机，使设置生效。

5. 在其他计算机上添加目标打印机

注意：此步操作是在局域网内的其他需要共享打印机的计算机上进行的。此步操作在Windows7 和 XP 系统中的过程是类似的，本文以 Windows10 为例进行介绍。

添加的方法有多种，在此只介绍两种。

首先，无论使用哪种方法，都应先进入“控制面板”，打开“设备和打印机”窗口，并点击“添加打印机”，如图 4-26 所示。

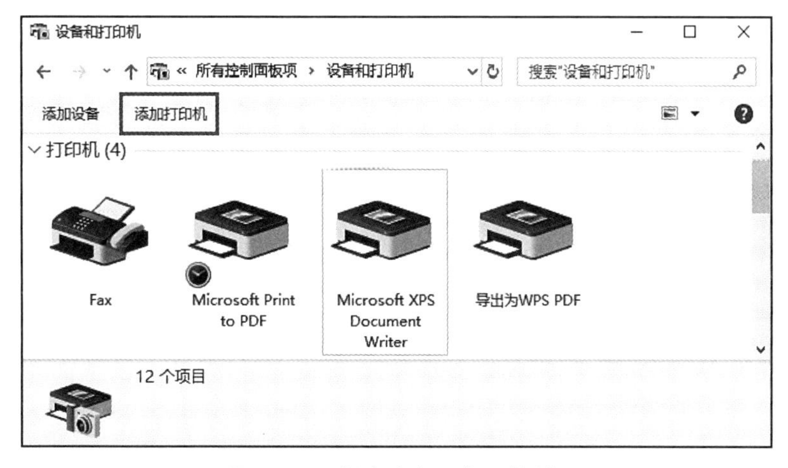

图 4-26 “设备和打印机”对话框

系统会自动搜索可用的打印机。

如果前面的几步设置都正确的话，那么只要耐心一点等待，一般系统都能找到，接下来只需跟着提示一步步操作就行了。

如果没有找到，可直接点击“我所需的打印机未列出”，然后点击“下一步”，如图 4-27 所示。

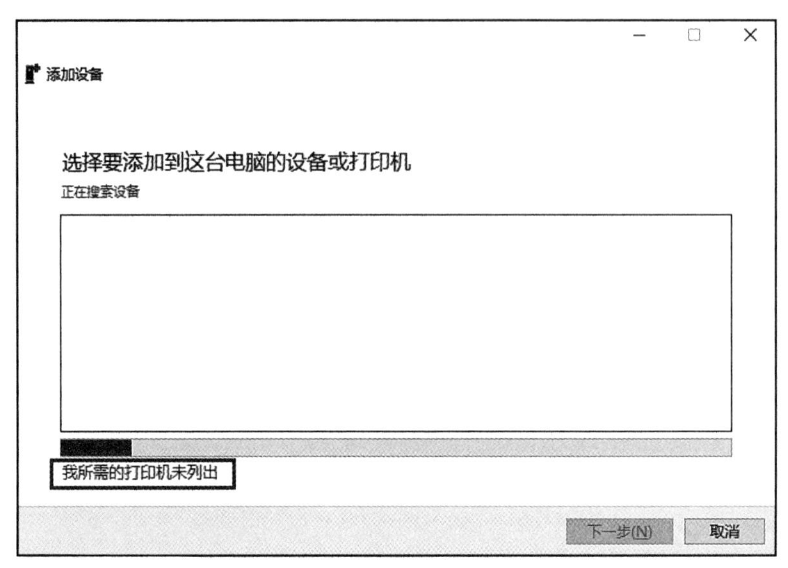

图 4-27 “添加设备”对话框

接下来具体设置步骤如下。

[步骤 1] 选择“按名称选择共享打印机”，点击“下一步”，如图 4-28 所示。

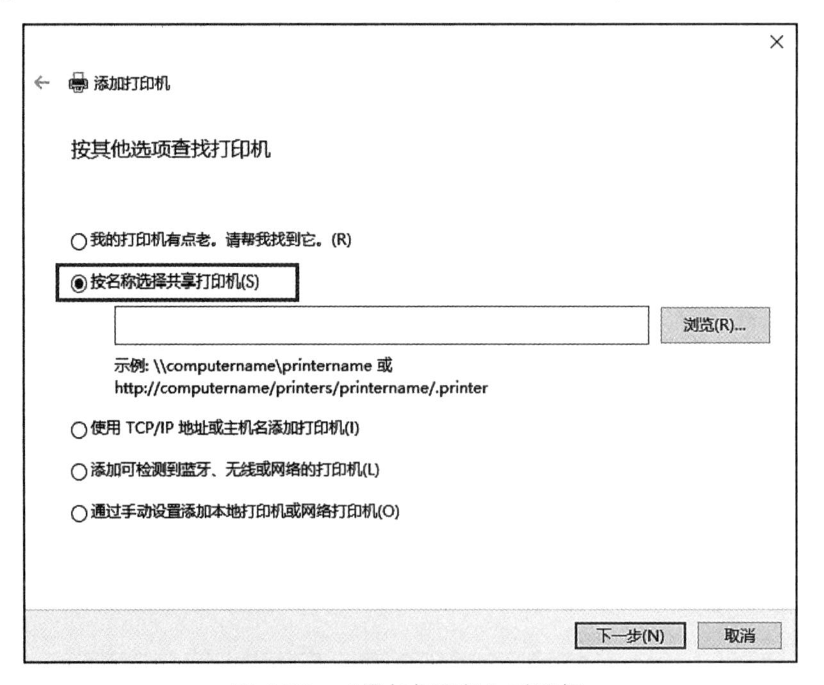

图 4-28 “添加打印机”对话框

[步骤 2]　找到连接着打印机的计算机，点击“选择”，如图 4-29 所示。

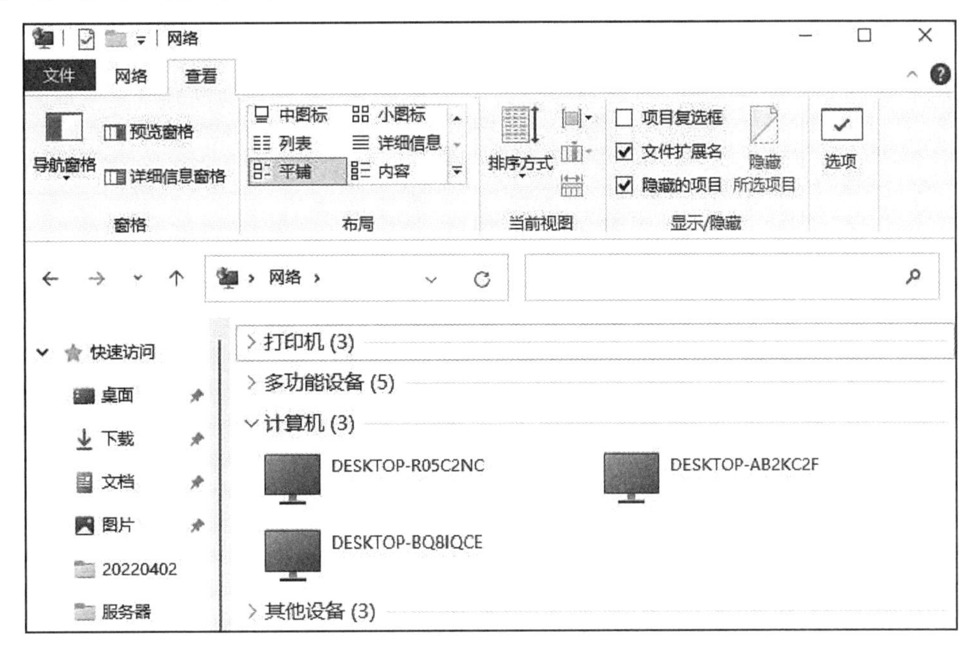

图 4-29　查看“网络计算机列表”

[步骤 3]　选择目标机器（打印机名就是在第二步中设置的名称），点击“选择”，如图 4-30 所示。

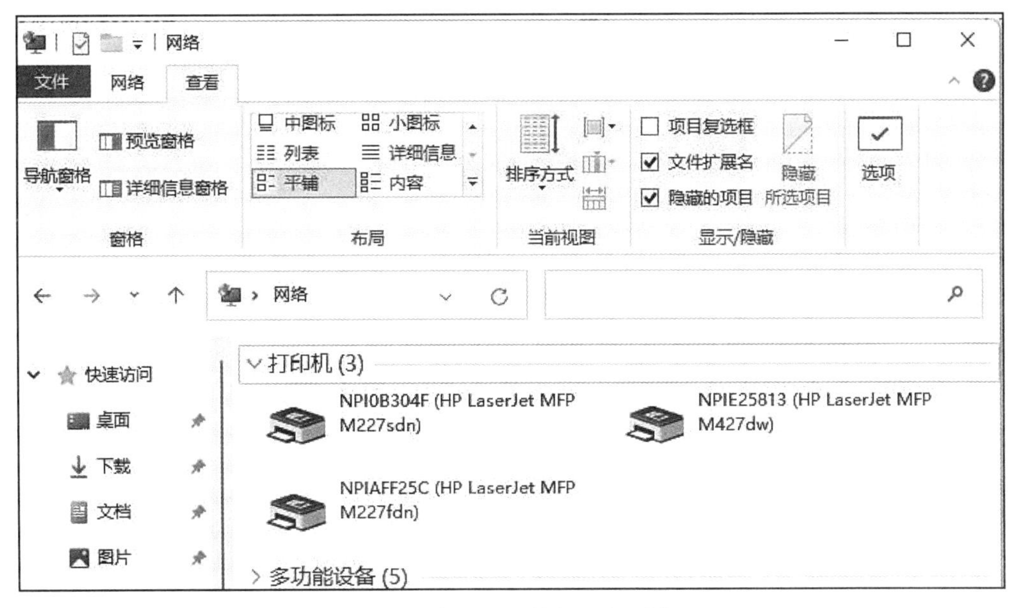

图 4-30　查看“网络打印机列表”

接下来的操作比较简单，系统会自动找到并把该打印机的驱动安装好。至此，打印机已成功添加。

本章小结

本章主要通过实验方式让同学们掌握局域网的共享应用，主要实验包括文件资源共享、局域网聊天和设置共享打印机等。同学们通过对本章的学习，对局域网共享的常见应用有了初步认识，可以为以后自己搭建局域网应用打下基础。

习　题

1. 局域网中文件共享的方式有哪些？
2. 你所知道的局域网中的应用有哪些？
3. 局域网中如何实现打印机共享？
4. 局域网聊天的工具有哪些？

第 5 章　Internet 的应用

5.1　Internet 简介

Internet 互联网是指世界上最大的、开放、互联的专用互连网络，以 TCP/IP 协议族为通信标准，其前身是美国国防部 1969 年建立的 ARPANET。进入 20 世纪 90 年代，Internet 向社会开放并迅速发展，目前已成为人们日常生活中不可缺少的一部分。

互联网应用已经能够提供网上购物、在线支付、在线视频、搜索引擎、QQ、微信、微博、电子商务、在线游戏、在线金融、在线出版、在线地图和其他基本服务，如远程登录、电子邮件、文件传输、电子公告栏和在线新闻组。

5.2　Internet 工作原理

从本质上说，Internet 与局域网的工作原理完全相同。然而，局域网（LAN）计算机的数量很少，计算机的类型也不多，在很小的范围内，计算机之间的信息通信和资源共享是有限的。互联网将来自世界各地的数亿台计算机终端连接起来，以交流和共享世界各地的信息和资源。换句话说，你只能在局域网中获得数千台计算机共享的信息资源，而在互联网上，你可以与来自不同地区、有着不同风俗习惯的数亿人进行交流，并且可以获得比局域网多得多的信息。

Internet 规模如此庞大，要使其正常运作，就必须确保数据能正确地到达目的地。这一方面是基于全球通信网络基础设施。以确保通信线路能在互联网通信中得到适当使用；另一方面，由于互联网上的所有计算机都遵循 TCP/IP 网络协议，并使用分组交换通信，因此必须考虑如何确保数据能迅速可靠地传送。Internet 中一个用户向另一个用户发送文件，TCP 协议将文件分解成若干个小数据包，再加上一些特定信息（可以类比为物流运输的货物装箱单），这样接收者的机器就可以判断传输是否正确，如果数据包没有在规定时间内到达，就自动让发送者重传数据包；IP 协议将地址信息标记在包上，IP 协议还具有利用路由算法进行路由选择的功能（可以类比于物流运输中的物流路径规划），连续不断的 TCP/IP 数据包可以经由不同的路由到达同一个目的地完成文件传输。Internet 通信中，IP 协议负责数据的传输，而 TCP 协议负责数据的可靠传输。

Internet 网络工作模式可分为两类：客户/服务器模式（Client/Sever 模式，简称 C/S 模式）与对等模式（Peer-to-Peer 模式，简称 P2P 模式）。

1. 客户/服务器模式（C/S 模式）

在 Client/Server 模式下，用户只关心完全解决自己的应用程序问题，而不关心系统中的哪台计算机或计算机来完成这些应用程序问题。在 C/S 系统中，能够为应用程序提供服务（如文件服务、复制服务、图像服务、通信管理服务等）的计算机被安装，并在接到请求时成为服务器。

与服务器不同，提出服务请求的计算机或处理器当时是客户端。从客户端应用程序的角度来看，该应用程序的一些工作是在客户机上完成的，而其余工作则在（一个或多个）服务器上完成。“Client”和“server”指请求并提供服务的程序。

2. 对等模式（P2P 模式）

对等模式也称为点对点模式，是指通过在网络节点之间直接交换信息来共享计算机资源和服务的工作模式。对等网络中的每台计算机既是客户端，也是服务器，每个用户都管理自己机器上的资源。

3. 客户/服务器模式与对等模式的区别

客户/服务器模式：在 C/S 工作模式下，信息共享以服务器为中心，共享信息资源需要放在功能强大的计算机服务器上，服务消费者只能从服务提供者那里获得共享的信息资源，而服务消费者之间不能实现信息资源的共享。在 C/S 工作模式的信息资源共享关系中，信息提供者与信息使用者之间的界限是明确的。

对等模式：在 P2P 工作模式中，所有节点同时充当服务提供者和服务消费者，以达到最大限度地共享信息的目的。P2P 网络不依赖私有服务器，网络中的每台计算机不仅可以用作网络服务的消费者，也可以作为网络服务的提供者，淡化服务提供者和服务消费者之间的界限。

客户/服务器模式与对等模式在应用层的区别：客户/服务器模式的应用层协议主要为 DNS、SMTP、FTP、Web 等，对等模式的应用层协议主要为文件共享类服务协议和支持多媒体传输类 Skype 服务协议。

在客户机/服务器模式下，信息资源的存储和管理是集中的、稳定的。服务器只发布用户想要发布的信息资源，可以长期保持信息资源的稳定，服务器可以在网络中长时间运行，保证网络信息资源共享的稳定性。Peer-to-Peer 模式（P2P 模式）缺乏安全机制，P2P 在给用户带来方便的同时，也会带来大量的垃圾信息，并且每个 Peer 都可以随意进出网络，这将导致网络的不稳定。

5.3 Internet 服务

在互联网上共享的资源不是硬件，而是各种信息服务。互联网的飞速发展，正是满足了人们对网络信息服务的需求。互联网提供了数以亿计的信息源和各种信息服务，信息源和服务的种类和数量都在迅速增长。常见的 Internet 服务包括 DNS 域名服务、WWW 服务、文件传输服务（FTP）、Telnet 服务和电子邮件服务。

5.3.1 DNS 域名服务

为了在因特网上进行正常的信息通信，每台主机都有一个唯一的 IP 地址来区分网络上成千上万的用户和计算机。IP 地址是数字标识，使用时很难记住和写入。为了方便访问，用域名代替 IP 地址来标识站点地址。域名是互联网上主机的名称，按照一定的规则用自然语言（英语）表示，它对应于确定的 IP 地址。

1. Internet 的域名结构

（1）域名由字母、数字和连字符组成，开头和结尾必须是字母或数字，最长不超过 63 个字符，而且不区分大小写。

（2）域名的通常格式为：主机名．机构名．网络名．最高域名。

（3）域名系统采用分级命名的方式。把 Internet 上的所有域名看作一个树形的命名空间，最高等级的树的根节点叫做顶级域，顶级域下面可以划分二级域，二级域下面可以划分三级域，依此类推。

顶级域名又称最高域名，分为两类：一类是由三个字母构成，一般为机构名；另一类是由两个字母组成的，一般为国家或地区的地理名称。

机构名称：GOV（政府机构）、EDU（教育机构）、NT（国际组织）、MIL（军事部门）、COM（商业机构）、NET（网络中心）、ORG（社会组织、专业协会）。

地理名称：cn 代表中国，us 代表美国，ru 代表俄罗斯，jp 代表日本等。

中国互联网信息中心（CNNIC）负责管理我国的顶级域。它将 cn 域划分为多个二级域。我国二级域的划分采用了两种模式：组织模式与地理模式。

CNNIC 将我国教育机构的二级域（edu 域）的管理权授予中国教育科研（CERNET）网络中心。CERNET 网络中心将 edu 域划分为多个三级域，将三级域名分配给各个大学与教育机构，如图 5-1 所示。

例如，四川大学锦城学院网站的域名是 www.scujcc.edu.cn，可以理解为：“中国（cn）—教育机构（edu）—四川大学锦城学院（scujcc）—Web 服务（www）”，符合人们熟悉的自然语言表达习惯，因此很容易记忆。

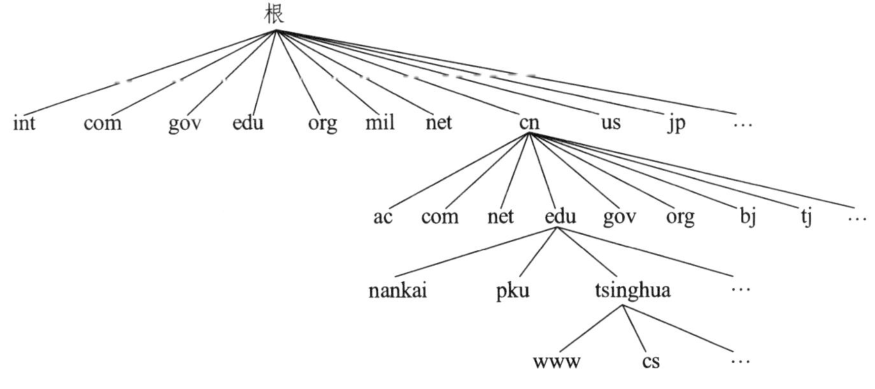

图 5-1　域名结构示意图

2. 域名系统定义

域名系统（Domain Name System，DNS）又称分级命名系统，是指在 Internet 上查询域名或 IP 地址的目录服务系统。DNS 服务完成将域名转换成对应 IP 地址的工作，相当于域名与 IP 地址之间的翻译官。

DNS 既是一个在由名称服务器主机构成的层次结构中实现的分布式数据库，又是一个允许客户主机和名称服务器主机通信以使用域名转换服务的应用层协议。

DNS 协议运行在 UDP 之上，使用端口号 53。

3. 域名解析过程

域名解析就是域名到 IP 地址的转换过程。域名解析分为正向解析（域名到 IP 地址）和反向解析（IP 地址到域名）两类。

域名解析过程如下：

（1）客户端应用程序提出域名解析请求，并将该请求发送给本地的域名服务器。

（2）本地的域名服务器收到请求后，先查询本地的主机缓存，如果有该记录项，则本地的域名服务器就直接把查询的结果返回。

（3）如果本地的主机缓存中没有该记录，则本地域名服务器就直接把请求发给根域名服务器，然后根域名服务器再返回给本地域名服务器一个所查询域的主域名服务器的地址。

（4）本地服务器再向上一步返回的域名服务器发送请求，然后接受请求的服务器查询自己的缓存，如果没有该记录，则返回相关的下级的域名服务器的地址。

（5）重复第（4）步，直到找到正确的记录。

（6）本地域名服务器把返回的结果保存到缓存，以备下一次使用，同时还将结果返回给客户机，如图 5-2 所示。

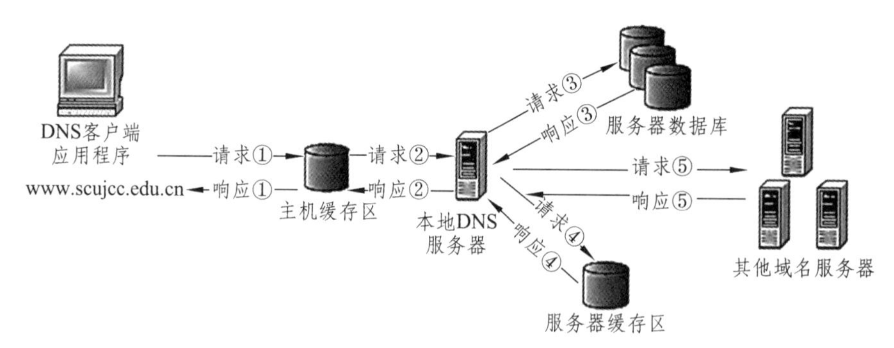

图 5-2　域名解析过程

4. 域名解析方式

域名解析方式有迭代解析和递归解析两种。

迭代解析是指每次请求一个服务器，当本地域名服务器不能获得查询答案时，就返回下一个域名服务器的名字给客户端。

递归解析即递归地一个域名服务器请求下一个服务器，直到最后找到相匹配的地址。

二者的区别在于：前者将复杂性和负担交给解析器软件，适用于域名请求较多的环境；后者将复杂性和负担交给服务器软件，适用于域名请求不多的情况。

5.3.2 WWW 服务

WWW 的含义是环球信息网（World Wide Web），又称万维网，是一个基于超级文本（Hypertext）方式的信息查询工具，是由欧洲柱子物理研究中心（CERN）研发的。WWW 将全世界 Internet 网上不同网址的相关数据信息有机地组织在一起，通过浏览器（Browser）提供一种友好的查询界面。

统一资源定位符（Uniform Resource Locators，URL）用于表示从因特网上得到的资源的位置和访问这些资源的方法。URL 给资源的位置提供一种抽象的识别方法，并用这种方法给资源定位。只要能够对资源定位，系统就可以对资源进行各种操作，如存取、更新等。

标准的 URL 由三部分组成：服务器类型、主机名、路径及文件名。例如，四川大学锦城学院的 WWW 服务器的 URL 为 http://www.scujcc.edu.cn/index.html。其中，“http:” 指要使用 HTTP 协议，www. scujuc.edu.cn 指要访问的服务器的主机名，“index.html” 指要访问的主页的路径与文件名。

5.3.3 FTP 文件传输服务

在因特网上，文件传输服务为任何两台计算机提供相互传送文件的机制，它是用户获取丰富的网络资源的重要手段之一。它由 FTP（文件传输协议）支持。文件传输是在网络上的计算机之间复制文件的简单方法。

FTP 是文件传输协议（File Transfer Protocol）的简称，它既允许从远程计算机上获取文件，也允许将本地计算机的文件拷贝到远程主机，即用于控制 Internet 上文件的双向传输。

FTP 是 Internet 上使用最早、也是目前使用最广泛的文件传输协议。FTP 可以根据实际需求设置不同用户的使用权限，同时还可以跨平台使用，即在 UNIX、Linux、Windows 等操作系统中都可以实现 FTP 客户端和服务器，只要两者都支持 FTP 协议，即可实现跨平台文件传输。

5.3.4 远程登录

远程登录是 Internet 提供的最基本的信息服务之一。它可以在网络通信协议 Telnet 的支持下，将本地用户使用的计算机变成远程主机系统的终端。

Telnet 是 OSI 模型的第七个应用层上的一个协议。它是 TCP/IP 协议，通过创建虚拟终端来提供到远程主机仿真的连接。

Telnet 提供了三种基本服务：

（1）Telnet 定义了一个网络虚拟终端，为远端的系统提供一个标准接口。客户机程序不必了解远端的系统，只需要构造使用标准接口的程序。

（2）Telnet 包括有一个允许客户机和服务器协商选项的机制，而且它还提供一组标准选项。

（3）Telnet 对称处理连接的两端，即 Telnet 不强迫客户机从键盘输入，也不强迫客户机在屏幕上显示输出。

Telnet 的工作原理：

Telnet 通过 TCP 提供传输服务，端口号是 23，是典型的客户机/服务器模式。当你用 Telnet 登录进入远程计算机系统时，你事实上启动了两个程序：一个叫 Telnet 客户程序，它运行在你的本地机上，另一个叫 Telnet 服务器程序，它运行在你要登录的远程计算机上。即使客户机从来没有直接调用过 Telnet 协议，但是 E-mail、FTP 与 Web 服务都是建立在 Telnet NVT 的基础上的。

5.3.5 电子邮件服务

电子邮件是因特网上的邮政系统，是以计算机网络为载体的信息传输方式。它是计算机用户用来发送信件的一组机制，已成为音频、视频等多媒体信息传输的重要手段之一。

电子邮件系统由邮件服务器和电子邮箱组成。

邮件服务器（Mail Server）是 Internet 邮件服务系统的核心。邮件服务器一方面负责接收用户送来的邮件，另一方面负责接收由其他邮件服务器发来的邮件，并根据收件人地址分发到相应的电子邮箱中，如图 5-3 所示。

电子邮件账户包括用户名（User Name）与用户密码（Password）。用户的电子邮件地址格式为“用户名@主机名”。

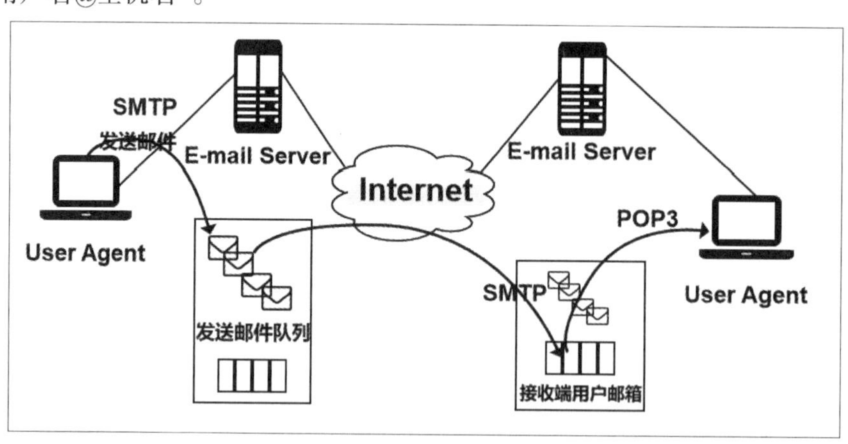

图 5-3 电子邮件的工作原理

SMTP 是电子邮件系统中的一个重要协议，它负责在发送端将邮件从一个“邮局”传送给另一个“邮局”。它使用的 TCP 端口号为 25。

而在接收端，主要采用的邮件读取协议为 POP3、IMAP4。POP3 使用的 TCP 端口号为 110，IMAP4 使用的 TCP 端口号为 143。两个协议的主要功能就是从接收端邮件服务器中将邮件下载到用户所在的主机。

实验 5.1　搭建自己的 FTP 服务器

【实验目的】

视频：搭建自己的 FTP 服务器

- 掌握在 Windows 系统下搭建 FTP 服务器的方法；
- 掌握 FTP 服务器的基本配置方法；
- 学会使用 FTP 服务器进行文件共享。

【实验内容】

- 安装 IIS 服务中的 FTP 程序；
- 搭建 FTP 服务器，并设置相关参数；
- 通过浏览器、命令提示符等方式访问 FTP 服务器，对服务器上进行信息资源共享

【实验原理】

FTP 是 Internet 上非常广泛的一种服务。使用 FTP，可以方便地获取所需要的资源。建立 FTP 站点可以方便地进行资源的上传、下载。FTP 协议能够控制 FTP 站点的用户数量、用户使用权限以及文件传输时宽带的分配，使网络用户能安全、快速、方便地进行文件传输，因此 FTP 已成为 Internet 中文件传输的首选服务器。同时，它也是一个应用程序，用户可以通过它把用户计算机终端与互联网上所有运行 FTP 协议的服务器相连，访问获取服务器上的共享信息资源。

FTP 使用两个平行连接：控制连接和数据连接。通过控制连接设置文件传输控制命令，可以设置不同的用户权限、密码、改变目录等。数据连接用于确保能正常进行数据传输。同时 FTP 支持共享文件沿任意方向传输。当用户与远程计算机建立连接后，如果用户权限允许，用户既可以上传文件，也可以下载文件。

【实验环境】

- 运行 Windows 操作系统的计算机。
- 每台计算机通过网线与交换机相连。

【实验步骤】

1. 安装 IIS 组件

[步骤 1]　开始菜单处右键选设置，在设置界面搜索“控制面板”打开控制面板，如图 5-4 所示。

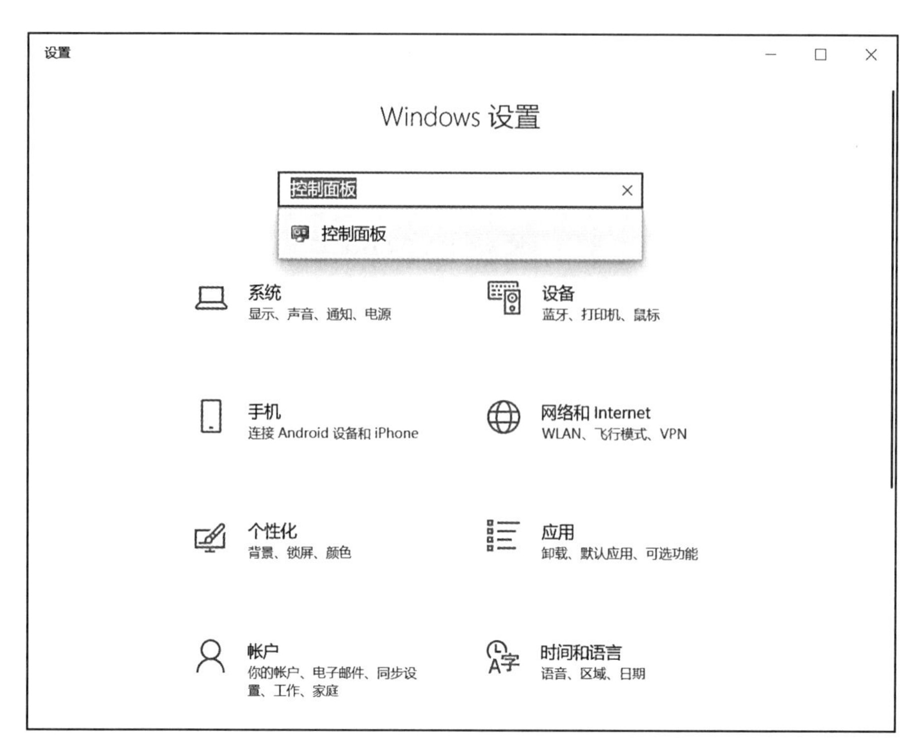

图 5-4　设置中搜索控制面板界面 1

[步骤 2]　点击“控制面板→程序和功能→启用或关闭 Windows 功能→Internet information services”勾选图 5-5 所示红框中的选项后单击“确定”。

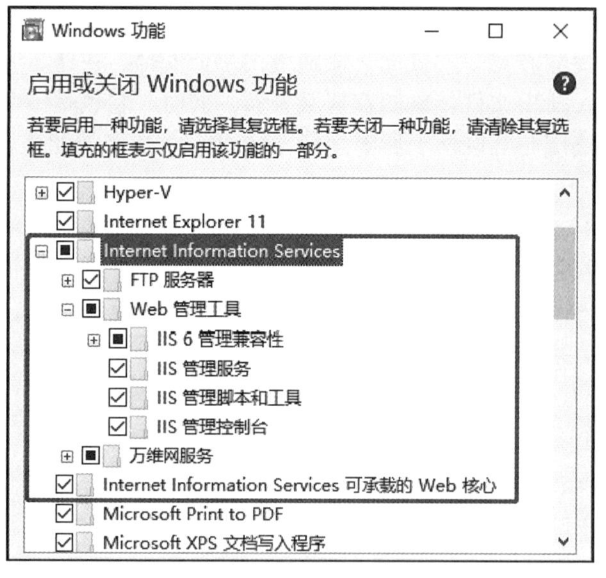

图 5-5　安装 ftp 服务 1

2. **搭建 FTP 服务器**

[步骤 1]　打开 IIS，直接在 Windows 中搜索 IIS，如图 5-6 所示。

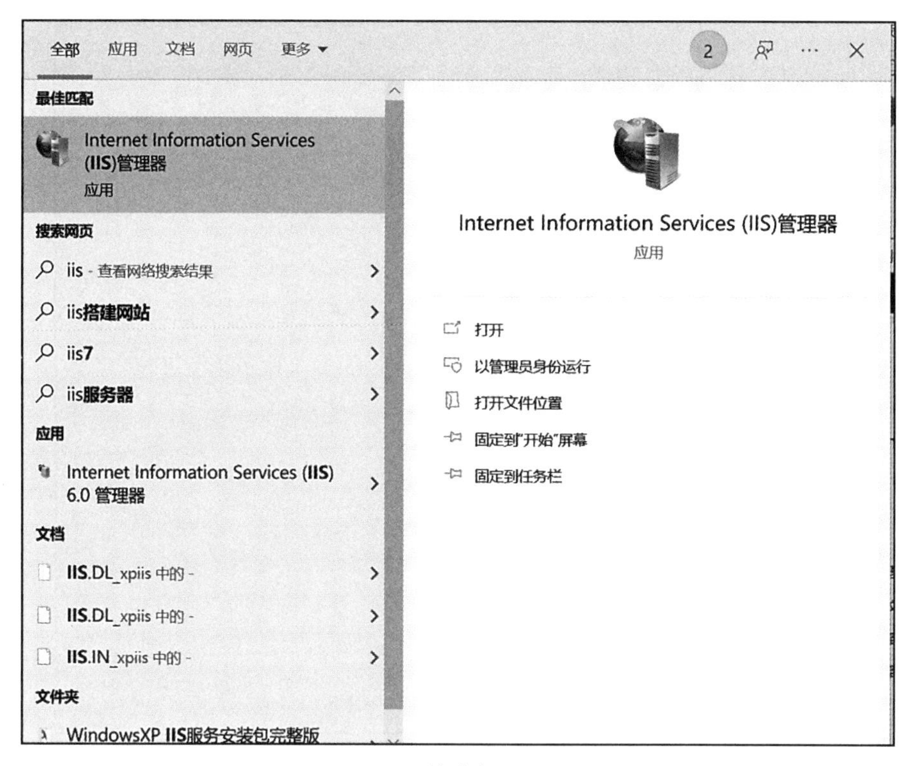

图 5-6　搜索打开 IIS 1

[步骤 2]　鼠标右击“网站”，如图 5-7 所示。

图 5-7　IIS 使用 2

[步骤 3]　添加 FTP 站点-填写站点信息，如图 5-8 所示。

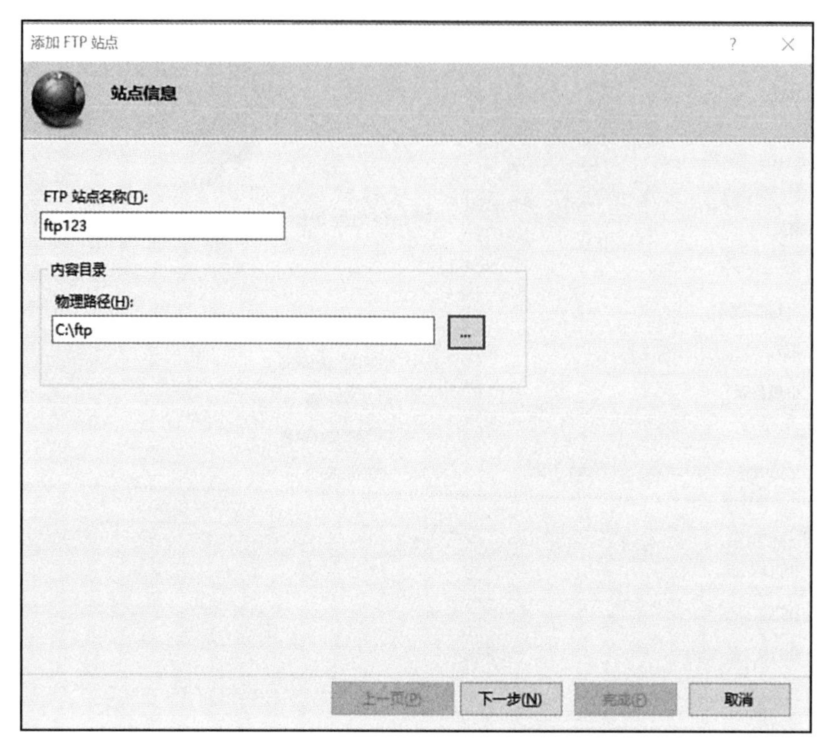

图 5-8 ftp 创建与配置 3

[步骤 4] 绑定和 SSL 设置。如图 5-9 所示，IP 地址可在下拉菜单中选择，“SSL”选择“无 SSL”。

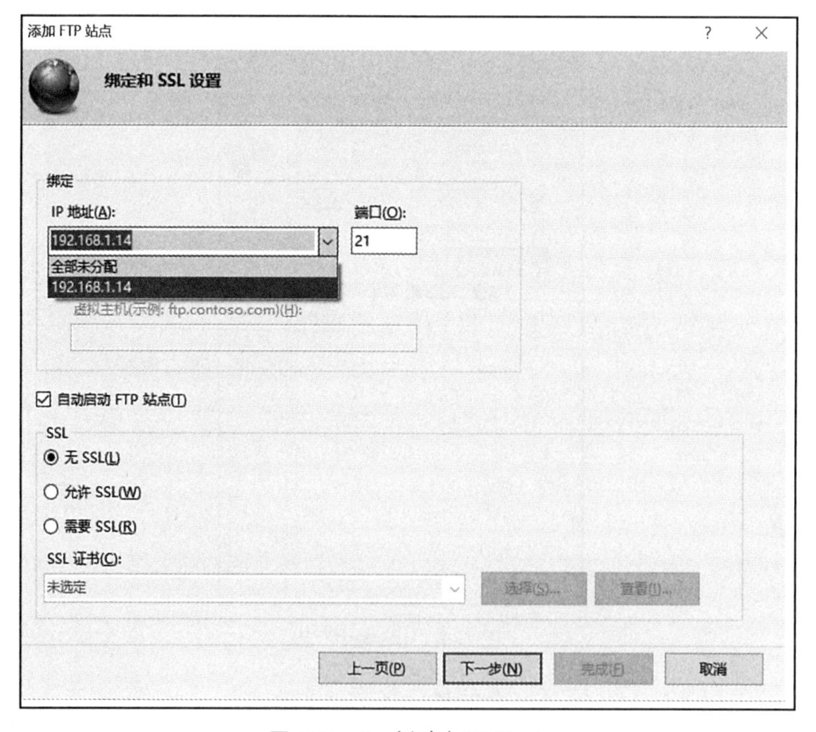

图 5-9 ftp 创建与配置 4

[步骤 5]　“身份验证”选择“基本”(如果不需要账号密码登录则勾选“匿名”),“授权”先选择“所有用户”，后面可以再改，“权限”根据自己的需求选，这里选择“读取”和“写入”，如图 5-10 所示，FTP 创建完成。

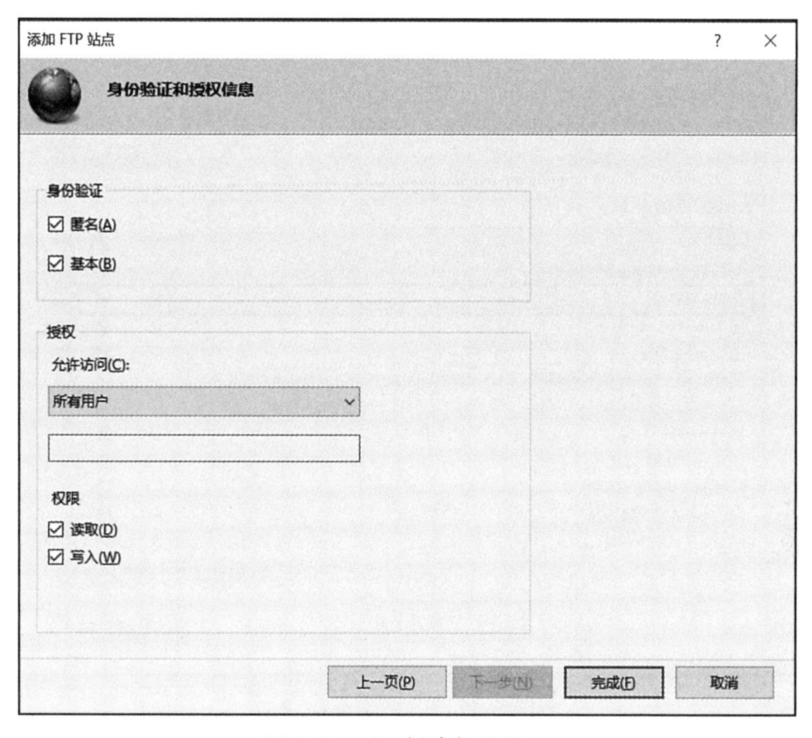

图 5-10　ftp 创建与配置 5

3. 设置防火墙，放行 FTP，访问 FTP

[步骤 1]　搜索打开控制面板→Windows Defender 防火墙→允许应用或功能通过 Windows Defender 防火墙，如图 5-11 所示。

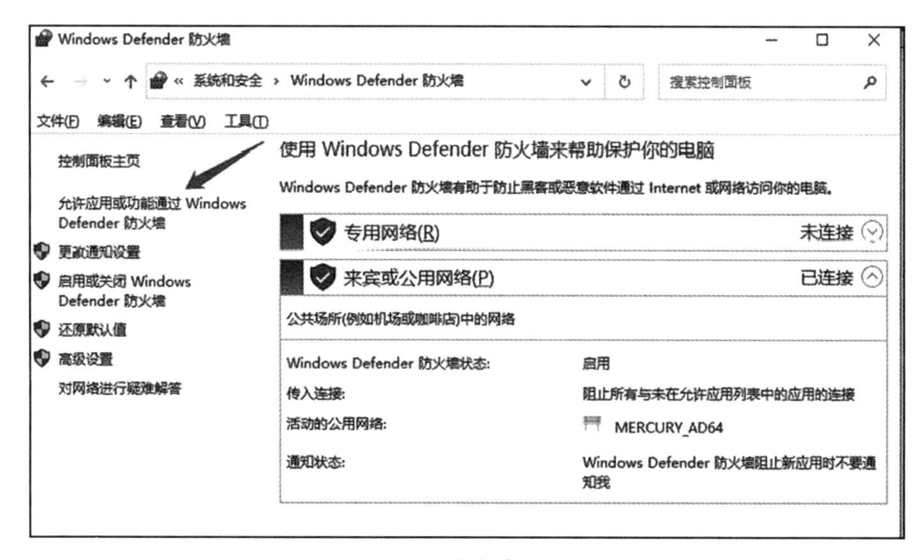

图 5-11　防火墙设置 1

[步骤 2]　勾选“FTP 服务器”，如图 5-12 所示。

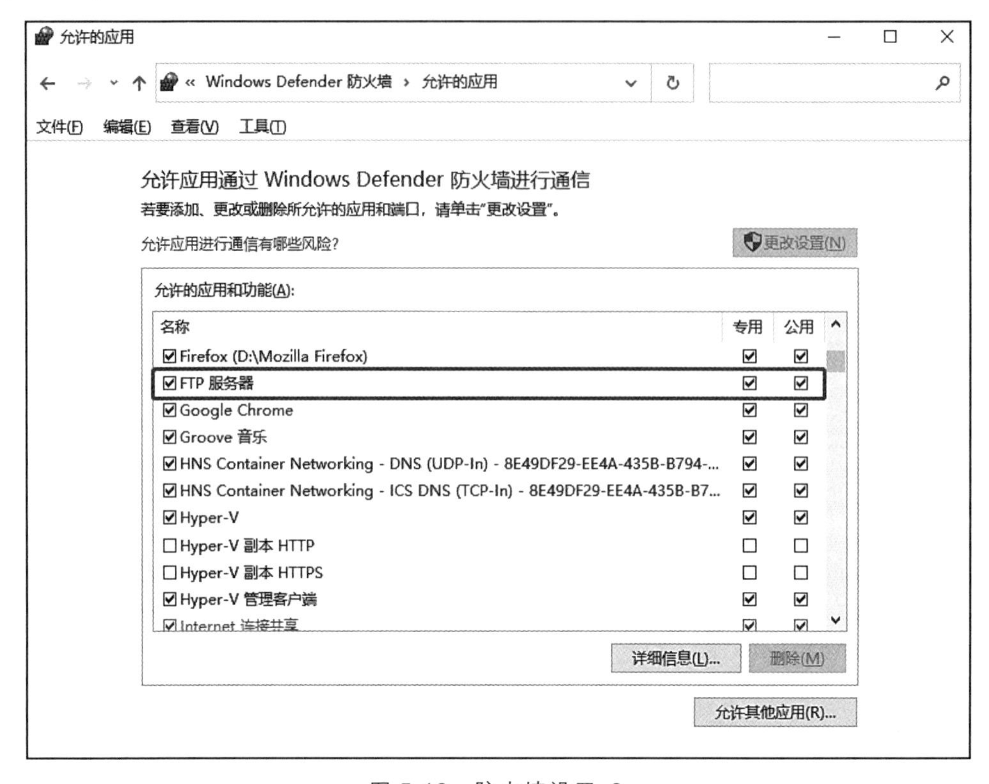

图 5-12　防火墙设置 2

[步骤 3]　访问 FTP。在不同电脑上打开文件资源管理器（WIN+E）或者此电脑，输入 IP 地址，若能够访问则 FTP 搭建成功。

实验 5.2　搭建自己的 Web 服务器

【实验目的】

视频：搭建自己的 Web 服务器

- 掌握 IIS 及相关组件的安装；
- 掌握 Web 服务器的配置方法。

【实验内容】

- 根据不同的 Windows 系统安装 IIS；
- 按照实验要求搭建 Web 服务器，具体包括服务器的安装和配置。

【实验原理】

Web 服务器是网络系统平台的重要主件。它除了提供用于 Web 的硬件服务器外，还需要

Web 服务器的软件，目前用于建立 Web 服务器的软件主要基于微软平台 IIS。

IIS（Internet Information Server）是微软出品的架设 Web、服务器的一套整合软件，由于其方便性和易用性，目前已成为最受欢迎的 Web 服务器软件之一。

【实验环境】

- 运行 Windows 10 操作系统的计算机。
- 每台计算机通过网线与交换机相连。

【实验步骤】

1. IIS 安装过程

[步骤 1] 点击系统桌面左下角的“开始”菜单键。在上拉列表中点击“设置”按钮，如图 5-13 所示。

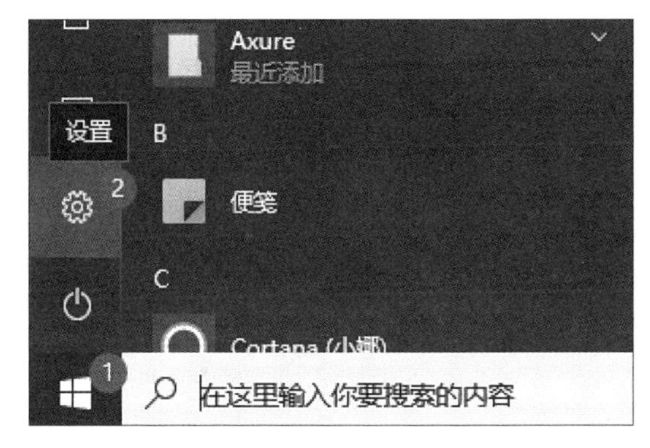

图 5-13 IIS 安装过程 1

[步骤 2] 在设置窗口中的搜索输入框内输入“控制面板”，就可以在下拉列表中看到控制面板，点击打开控制面板，如图 5-14 所示。

图 5-14 IIS 安装过程 2

[步骤 3] 在控制面板中点击“程序与功能”打开“程序与功能”界面，如图 5-15 所示。

图 5-15　IIS 安装过程 3

[步骤 4]　点击打“开程序与功能”界面左上角的“启用或关闭 Windows 功能”，如图 5-16 所示。

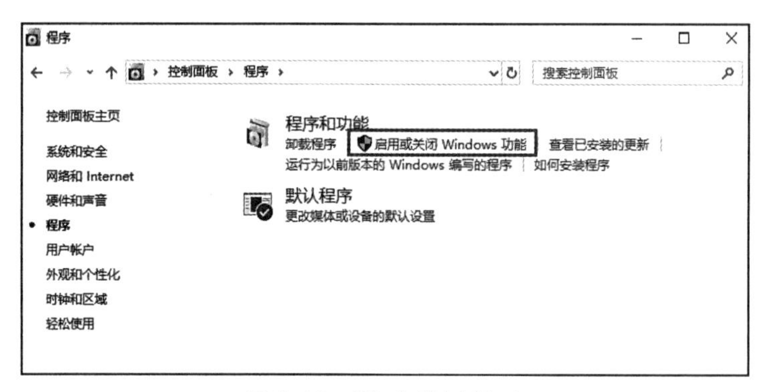

图 5-16　IIS 安装过程 4

[步骤 5]　找到 Windows 功能中的“Internet Information services”，展开该项添加“万维网服务”和“Web 管理工具”，确定后等待系统安装需要添加的组件，如图 5-17 所示。

图 5-17　IIS 安装过程 5

2. Web 服务器的配置

[步骤 6]　在控制面板中找到“管理工具”并点击打开，如图 5-18 所示。

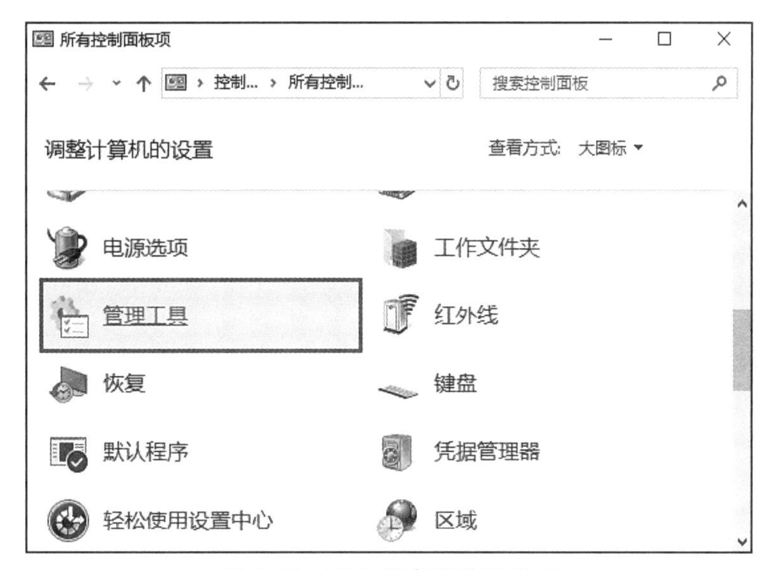

图 5-18　Web 服务器的配置 1

[步骤 7]　在管理工具界面找到 IIS 管理器并点击打开，如图 5-19 所示。

图 5-19　Web 服务器的配置 2

[步骤 8]　打开 IIS 管理器后，展开窗口左侧的目录可以找到“网站”选项，在网站中 Default Web Site 默认是启动的，如果不想在默认网站中添加网页，可以右键点击“网站”，在弹出的菜单中选择新建网站，如图 5-20 所示。

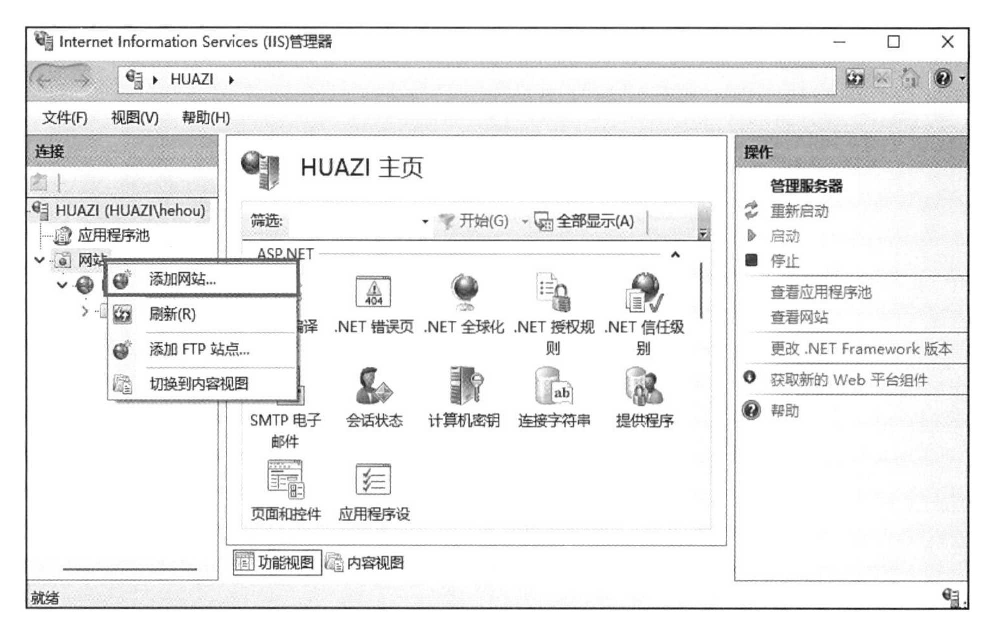

图 5-20 web 服务器的配置 3

[步骤 9] 在“添加网站”对话框中完成网站名称、物理地址、绑定等设置，如图 5-21 所示。

图 5-21 Web 服务器的配置 4 网站的添加与设置

[步骤 10] 打开在添加网站时所设置的物理路径的文件夹，在文件夹中放入需要展示的网页及其他内容，如图 5-22 所示。

图 5-22 Web 服务器的配置 5

[步骤 11] 打开浏览器输入添加网站时在绑定中输入的 IP 地址，即可打开放在网站物理路径中所添加的网页。注意，如果在添加网站时端口号不是默认的 80 而是做了修改，那么在浏览器地址栏中需要输入 IP 地址:端口号。比如，在添加网站时将端口号改为了 8080，那就要在浏览器地址栏中输入“192.168.0.105:8080”，如图 5-23 所示。

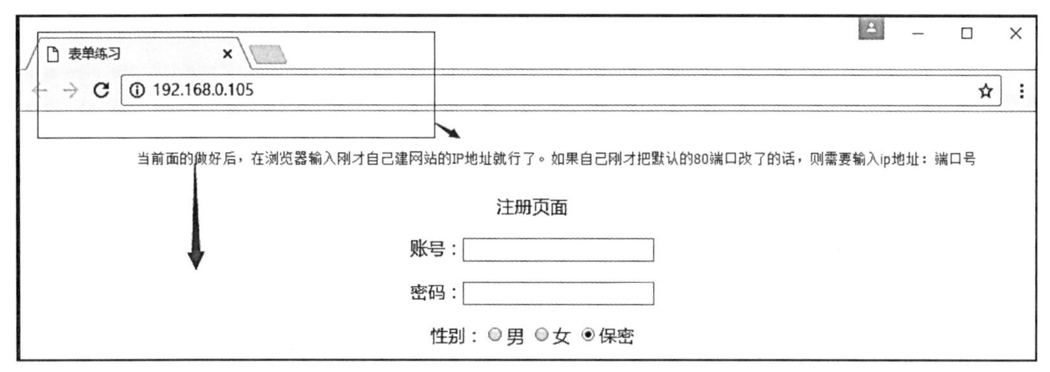

图 5-23 Web 服务器的配置 6

本章小结

本章介绍了 Internet 工作原理和常见应用，重点介绍了常见的 Internet 应用，包括 DNS 域名服务、WWW 服务、FTP 文件传输服务、远程登录、电子邮件服务的相关网络知识。

习 题

1. 简要说明 Internet 网络工作模式的客户/服务器模式与对等模式的区别。
2. URL 包含哪些部分?
3. FTP 的作用是什么?
4. POP3 服务器和 SMTP 服务器在电子邮件传输中各自的作用是什么?

第 6 章　网络安全

网络安全是指网络系统的硬件、软件及其系统中的数据受到保护，不因偶然的或者恶意的原因而遭受到破坏、更改、泄露，系统连续可靠正常地运行，网络服务不中断。

随着互联网的快速发展，在互联网中存储和传输的数据越来越庞大，保障这些数据的安全，已经成为一项重要而紧迫的任务。由于计算机网络安全是另一门专业学科，所以本章只对计算机网络安全问题的基本内容进行初步介绍。

6.1　网络安全概述

计算机网络通信面临两种威胁，即被动攻击和主动攻击。

被动攻击是指攻击者从网络上窃听他人的通信内容。这种类型的攻击通常称为拦截。在被动攻击中，攻击者只观察和分析某个协议数据单元 PDU（PDU 一词用于考虑所涉及的不同级别），而不干扰信息流。即使这些数据不易被攻击者理解，他也可以通过观察 PDU 的协议控制信息部分来知道被通信的协议实体的地址和身份，并研究 PDU 的长度和传输频率，从而了解交换数据的一些属性。这种被动攻击也称为流量分析。战争时期，通过对大量异常交通的分析，可以找到敌方指挥所的位置。

主动攻击有如下几种最常见的方式。

1. 篡　改

攻击者故意篡改网络上传送的报文。这里也包括彻底中断传送的报文，甚至是把完全伪造的报文传送给接收方。这种攻击方式有时也称为更改报文流。

2. 恶意程序

恶意程序（rogue program）有很多种，常见的恶意程序及其对网络安全的主要威胁如下。

- 计算机病毒（computer virus）：可以“感染”其他程序的程序，“感染”是通过修改其他程序来复制自身或其变体来实现的。
- 计算机蠕虫（computer worm）：通过网络的通信功能，从一个节点发送到另一个节点并自动开始运行的程序。
- 特洛伊木马（Trojan horse）：执行恶意功能而不是声称的功能的程序。如果编译器不仅执行编译任务，还秘密复制用户的源程序，那么编译器就是木马。有时以特洛伊木马的形式使用。

● 逻辑炸弹（Logic bomb）：在操作环境满足一定条件时执行其他特殊功能的程序。例如一个编辑程序，通常运行得很好，但是当系统时间是 13 号和周五时，它会删除系统中的所有文件。这种程序就是逻辑炸弹。

● 后门黑客攻击（back door knocking）：利用系统中的漏洞，通过网络入侵系统。就像盗贼晚上试图闯入一所房子一样，如果某个家庭的门有缺陷，小偷就可以利用它。索尼游戏网络（Play Station Network）在 2011 年遭到入侵，导致 7700 万用户的姓名、生日、电子邮件地址、密码等个人信息被盗。

● 流氓软件：未经用户许可，在用户计算机上进行安装、操作并损害用户利益的软件。其典型特征是：强制安装、难以卸载、浏览器劫持、广告弹出、恶意收集用户信息、恶意卸载、恶意绑定等。现在流氓软件的猖獗程度已超过各种计算机病毒，成为互联网上最大的公害。流氓软件的名字一般都很吸引人，比如某某守卫、某某索巴，所以我们要非常小心。

上面所说的计算机病毒是狭义的，也有人把所有的恶意程序泛指为计算机病毒。例如 1988 年 10 月“Morris 病毒”入侵美国互联网，舆论说该事件是“计算机病毒入侵美国计算机网”，而计算机安全专家却称之为“互联网蠕虫事件”。

3. 拒绝服务

拒绝服务（Denial of Service，DOS）是指攻击者不断在互联网上向服务器发送大量数据包，使服务器无法提供正常服务，甚至完全瘫痪。2000 年 2 月 7 日至 9 日，美国几个著名网站遭到黑客攻击，致使这些网站的服务器“忙”，无法向提出请求的客户提供服务。这种攻击被称为拒绝服务。例如，2014 年圣诞节，索尼游戏网络（Play Station Network）和微软游戏网络（Microsoft Xbox Live）在被黑客入侵后瘫痪，影响了大约 1.6 亿用户。

如果你从互联网上的数百个网站攻击一个网站，那就叫作分布式拒绝服务（Distributed Denial of Service，DDOS）。这种攻击有时被称为网络带宽攻击或连接性攻击。

为了对付被动攻击，可以使用各种数据加密技术来保证传输过程中的数据安全。为了对付主动攻击，必须将各种技术结合起来。

6.2 信息加密原理

信息加密是一种有着悠久历史的技术，它指的是通过加密算法和加密密钥将明文转化为密文，而解密是通过解密算法和解密密钥将密文恢复为明文，其核心是密码学。

任何一个加密系统至少包括下面四个组成部分：

（1）未加密的消息，也称为明文。

（2）加/密消息，也称为密文。

（3）加/解密设备或算法。

（4）加解密密钥。

根据不同的功能，数据加密技术可分为数据传输加密技术、数据存储加密技术、数据完整性认证技术和密钥管理技术。在网络安全方面，数据传输加密技术的目的是将传输中的数据流加密为数据加密模型，如图 6-1 所示，用户 A 向 B 发送明文 X，但加密算法 E 操作后，获得密文 Y，然后通过网络将密文 Y 传输到 B，B 在解密算法 D 操作后获得明文 X。

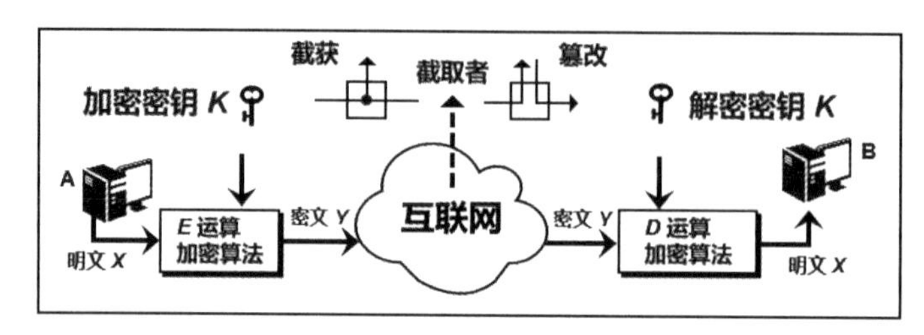

图 6-1　数据加密流程

密码按照密钥方式不同可划分为对称密码和非对称密码。

① 对称密码是指发送方和接收方使用相同密钥的密码。传统密码属于这一类。例如凯撒的密码，它代表一组明文字母和另一组伪装字母。你好->IFMMP。

② 非对称密码是指发送方和接收方使用不同密钥的密码，加密使用公钥，公钥是公共密钥，解密使用私钥，公钥和私钥是数学相关的。现代密码中的公钥密码属于这一类。

6.3　防火墙

防火墙是一个由计算机硬件和软件组成的系统，它部署在网络边界上，是内部网络和外部网络之间的连接桥梁，同时保护网络边界内外的数据，防止恶意入侵、恶意代码传播等，以保证内部网络数据的安全，如图 6-2 所示。

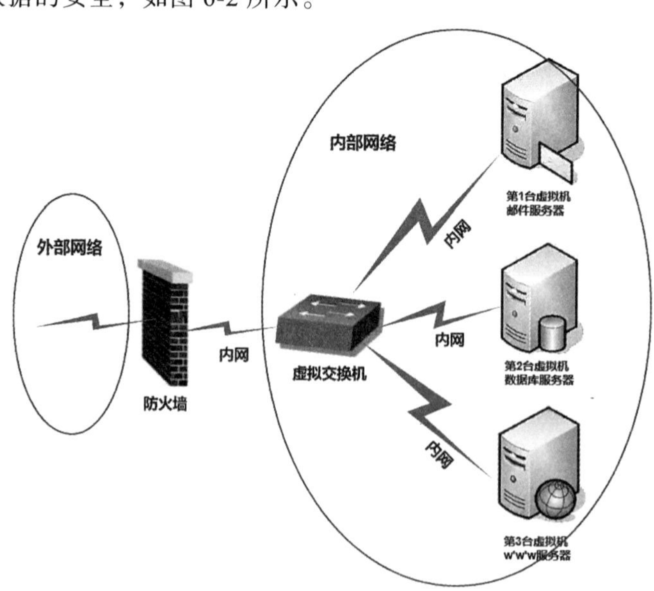

图 6-2　架设防火墙拓扑图

防火墙可以通过对流量的识别，“允许”或者“阻止”流量通过。举一个例子，古代的城市都是有城墙和城门的，这就好比是防火墙，它把城内和城外隔开，并且城门口的守卫可以识别哪些人可以进入城内，哪些人不可以进入城内。

比如之前非常流行的永恒之蓝勒索病毒来说，我们知道它是利用的是 135、137、138、139、445 等端口入侵的，而个人用户，一般不会用到这些端口，因此我们可以通过防火墙，把这些端口“阻止”了，这样就能够做到对该病毒的防范。

实验 6.1　攻击（抓包）与防御（设置防火墙）

【实验目的】

- 通过抓包工具 Wireshark 了解未加密文件在传输过程中的危险；
- 掌握设置防火墙的方法。

【实验内容】

- 使用 Wireshark 抓包，抓取传输共享文件的内容。
- 设置防火墙，关闭 445 共享端口。

【实验原理】

Wireshark 是一个网络封包分析软件。网络封包分析软件的功能是撷取网络封包，并尽可能显示出最为详细的网络封包资料。Wireshark 使用 WinPCAP 作为接口，直接与网卡进行数据报文交换，如图 6-3 所示。

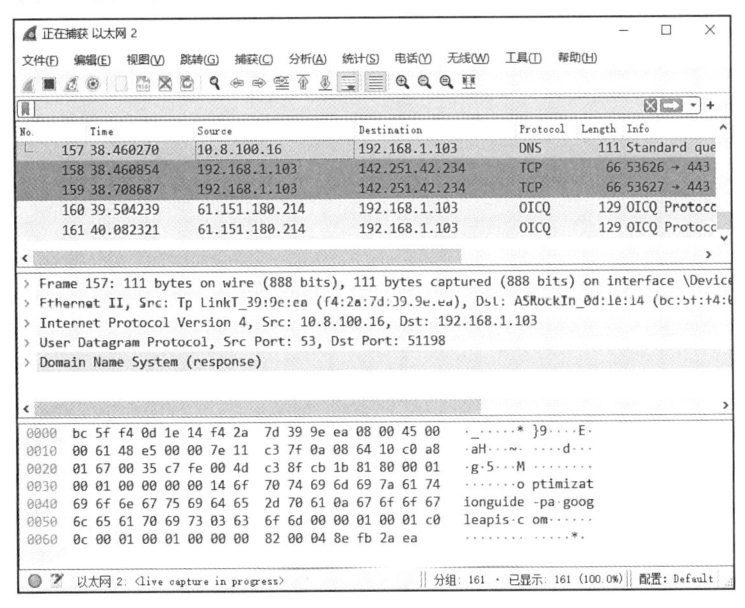

图 6-3　Wireshark 软件界面

个人防火墙（Personal Fire Wall），顾名思义是一种个人行为的防范措施，这种防火墙不需要特定的网络设备，只要在用户所使用的 PC 上安装软件即可。

个人防火墙把用户的计算机和公共网络分隔开，它检查到达防火墙两端的所有数据包，无论是进入还是发出，从而决定该拦截这个包还是将其放行，是保护个人计算机接入互联网的安全有效措施，如图 6-4 所示。

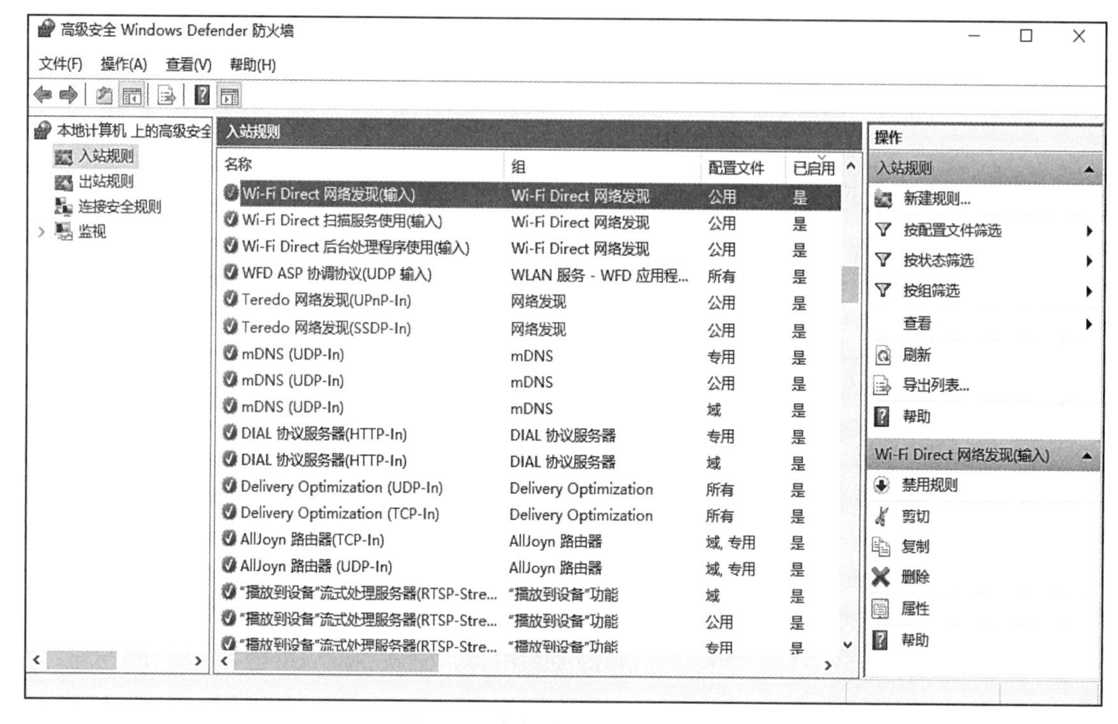

图 6-4　高级安全防火墙设置

【实验设备】

- 计算机；
- Wireshark；
- Windows 防火墙。

【实验步骤】

1. 抓　包

[步骤 1]　实验由两个同学协同完成，请先自行组队。

[步骤 2]　同学 A 在自己的电脑上安装好 Wireshark。

[步骤 3]　同学 B 在自己的电脑上共享一个文件夹，如图 6-5 所示。

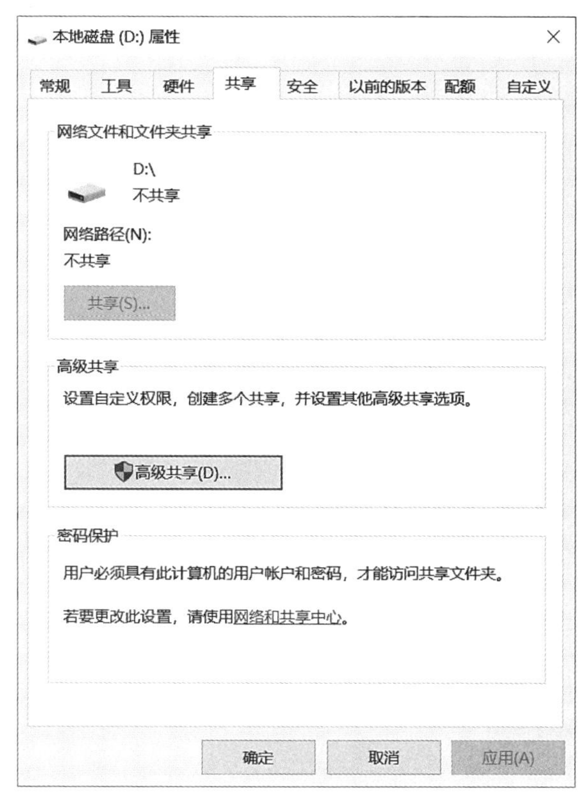

图 6-5 文件夹共享

[步骤 4] 同学 A 在自己的电脑上创建一个文本文件，并且在文件中写入内容（最好是英文字符），如图 6-6 所示。

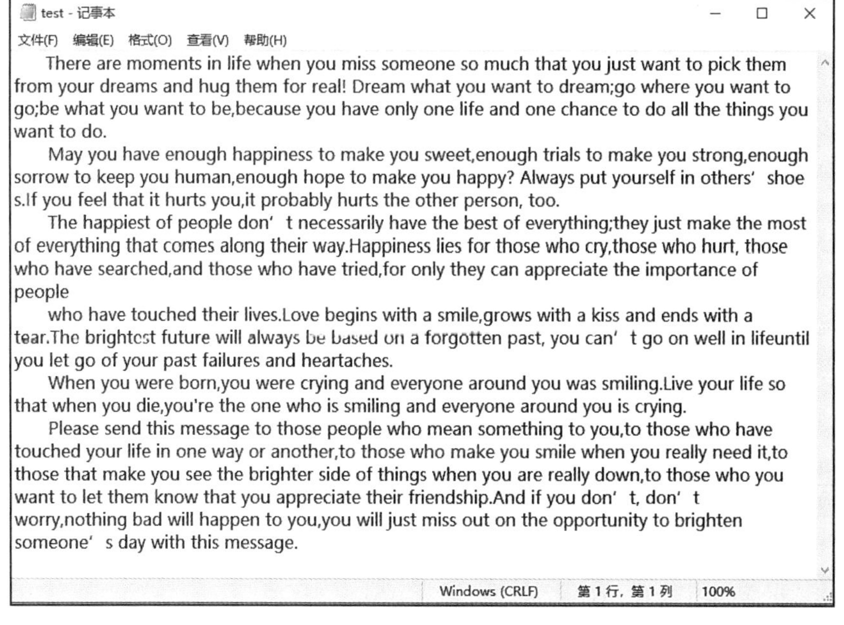

There are moments in life when you miss someone so much that you just want to pick them from your dreams and hug them for real! Dream what you want to dream;go where you want to go;be what you want to be,because you have only one life and one chance to do all the things you want to do.

May you have enough happiness to make you sweet,enough trials to make you strong,enough sorrow to keep you human,enough hope to make you happy? Always put yourself in others' shoe s.If you feel that it hurts you,it probably hurts the other person, too.

The happiest of people don' t necessarily have the best of everything;they just make the most of everything that comes along their way.Happiness lies for those who cry,those who hurt, those who have searched,and those who have tried,for only they can appreciate the importance of people

who have touched their lives.Love begins with a smile,grows with a kiss and ends with a tear.The brightest future will always be based on a forgotten past, you can' t go on well in lifeuntil you let go of your past failures and heartaches.

When you were born,you were crying and everyone around you was smiling.Live your life so that when you die,you're the one who is smiling and everyone around you is crying.

Please send this message to those people who mean something to you,to those who have touched your life in one way or another,to those who make you smile when you really need it,to those that make you see the brighter side of things when you are really down,to those who you want to let them know that you appreciate their friendship.And if you don' t, don' t worry,nothing bad will happen to you,you will just miss out on the opportunity to brighten someone' s day with this message.

图 6-6 测试文件

[步骤 5] 同学 A 开启 Wireshark 抓包，然后通过抓包把文本文件共享到同学 B 的文件夹中。

停止抓包，分析并找到文本文件的数据包。

抓包界面及结果如图 6-7、图 6-8 所示。

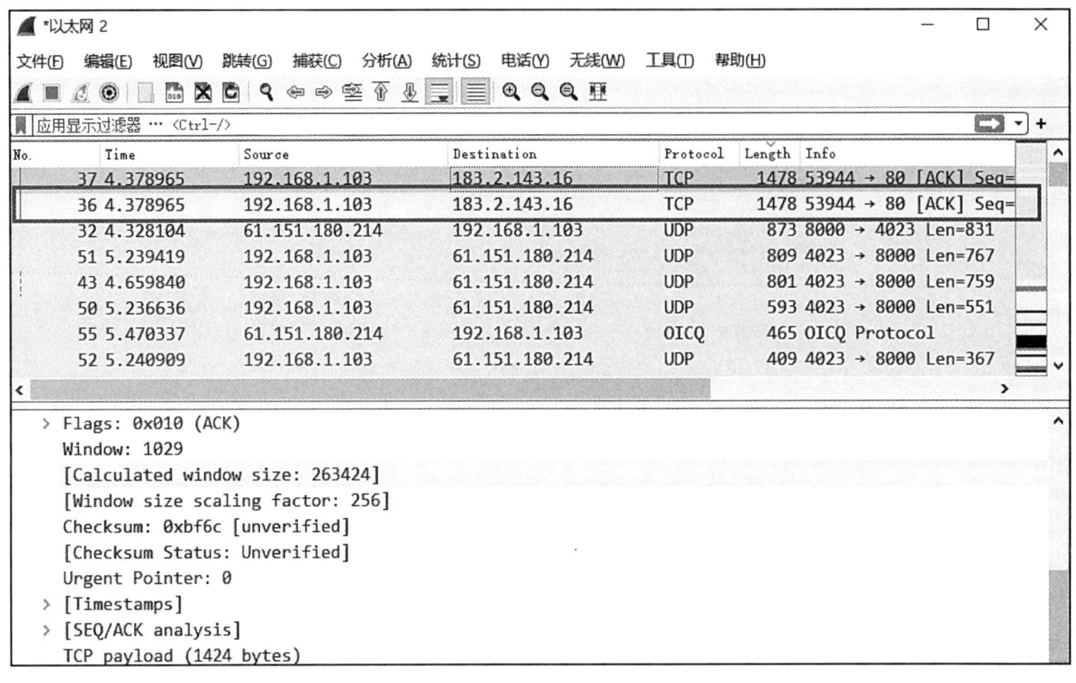

图 6-7 “Wireshark 抓包”界面

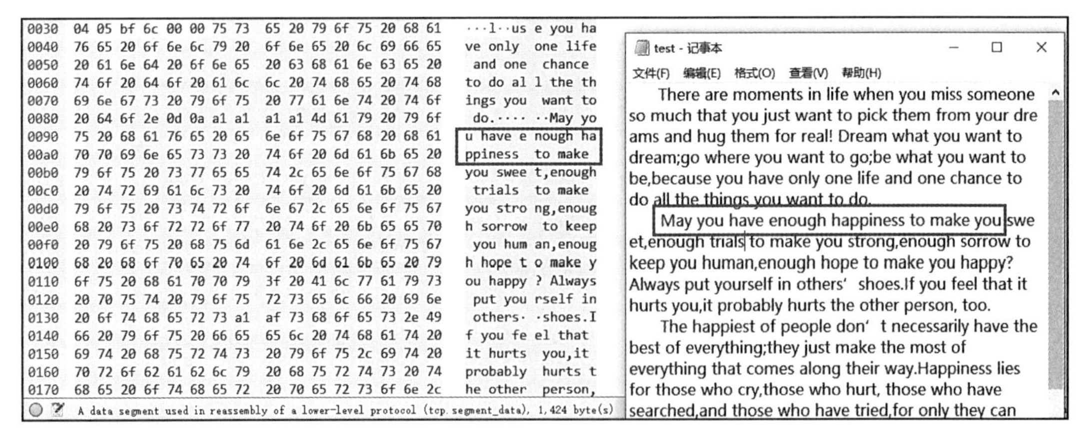

图 6-8 “Wireshark 抓包”结果

2. 设置防火墙

[步骤 1] 实验由两个同学协同完成，请先自行组队。

[步骤 2] 同学 B 在自己电脑上共享一个文件夹。

[步骤 3]　同学 A 通过文件共享，可以正常访问到 B 的文件夹，如图 6-9 所示。

图 6-9　文件共享

[步骤 4]　同学 B 设置防火墙，添加“阻止”445 端口，具体步骤如图 6-10～图 6-14 所示。

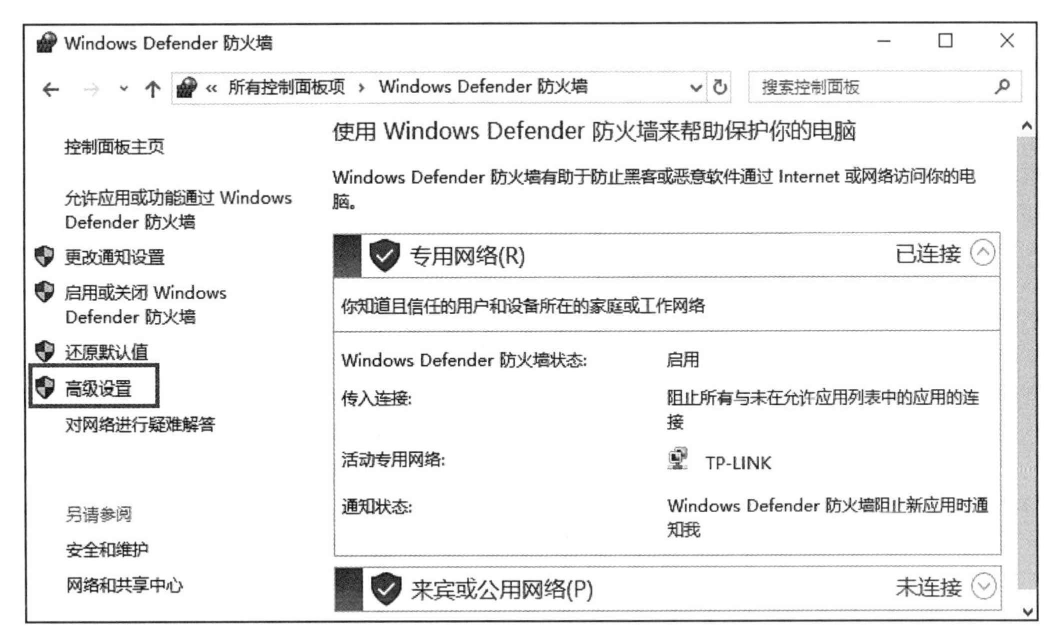

图 6-10　防火墙的“高级设置”

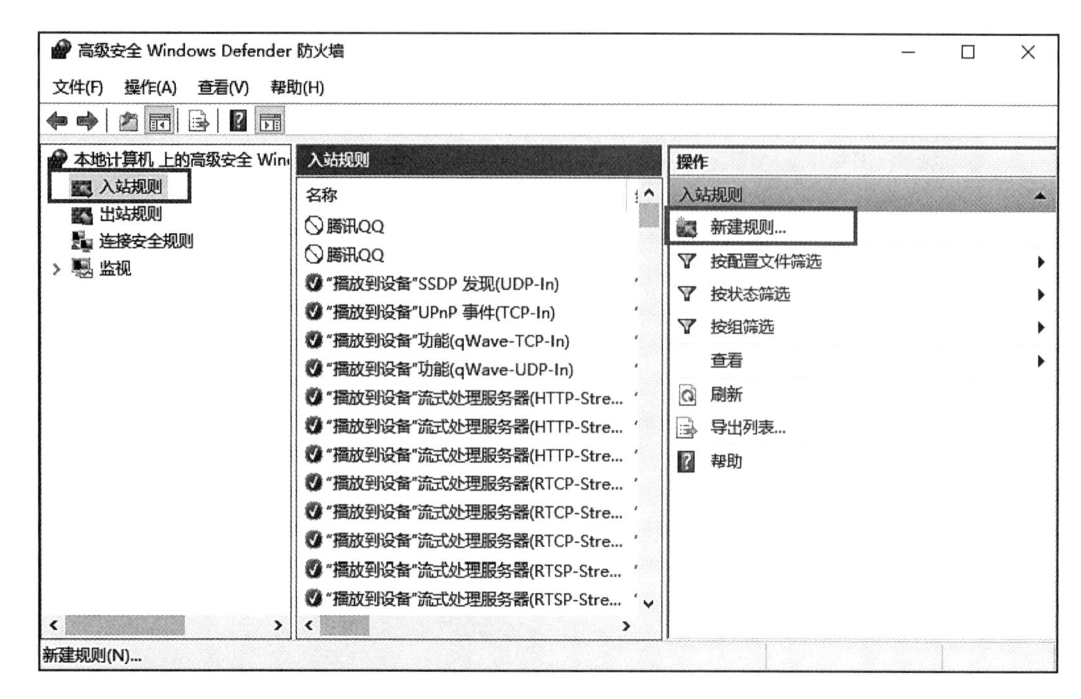

图 6-11　设置“入站规则”中的“新建规则”

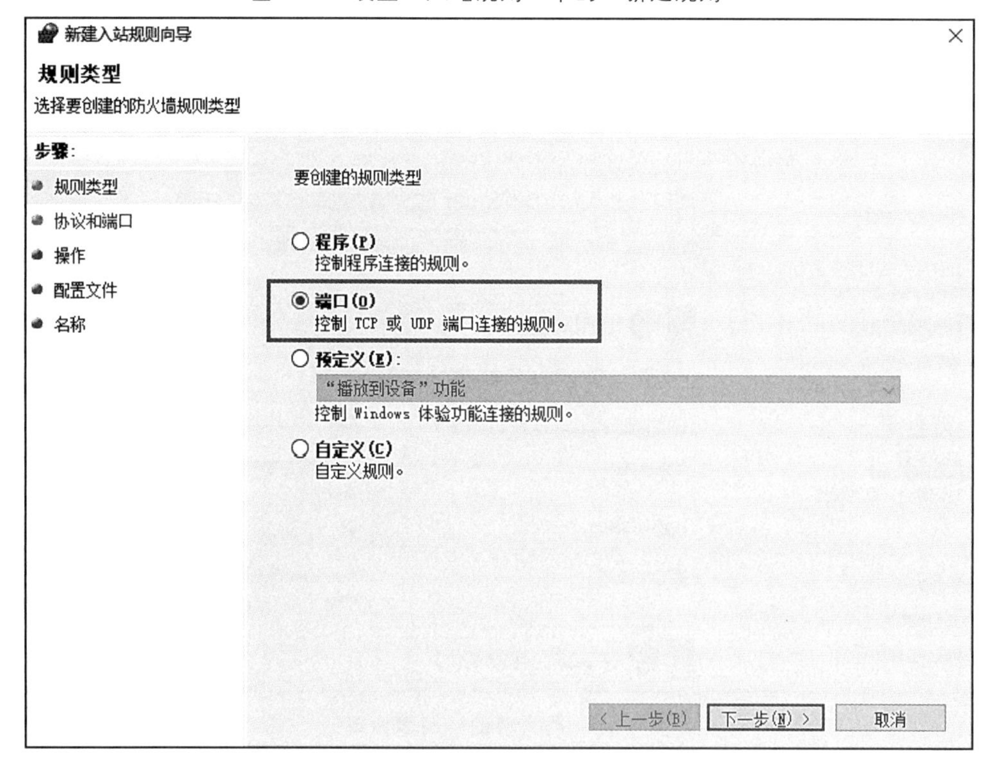

图 6-12　“新建入站规则向导”对话框 1

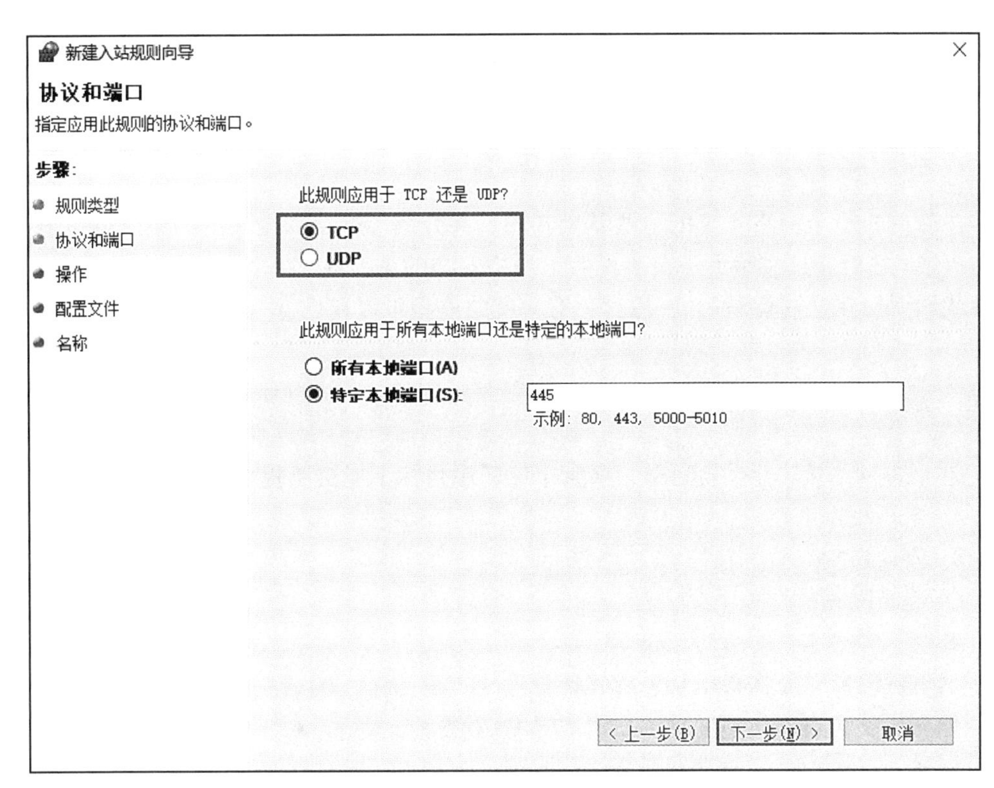

图 6-13 “新建入站规则向导”对话框 2

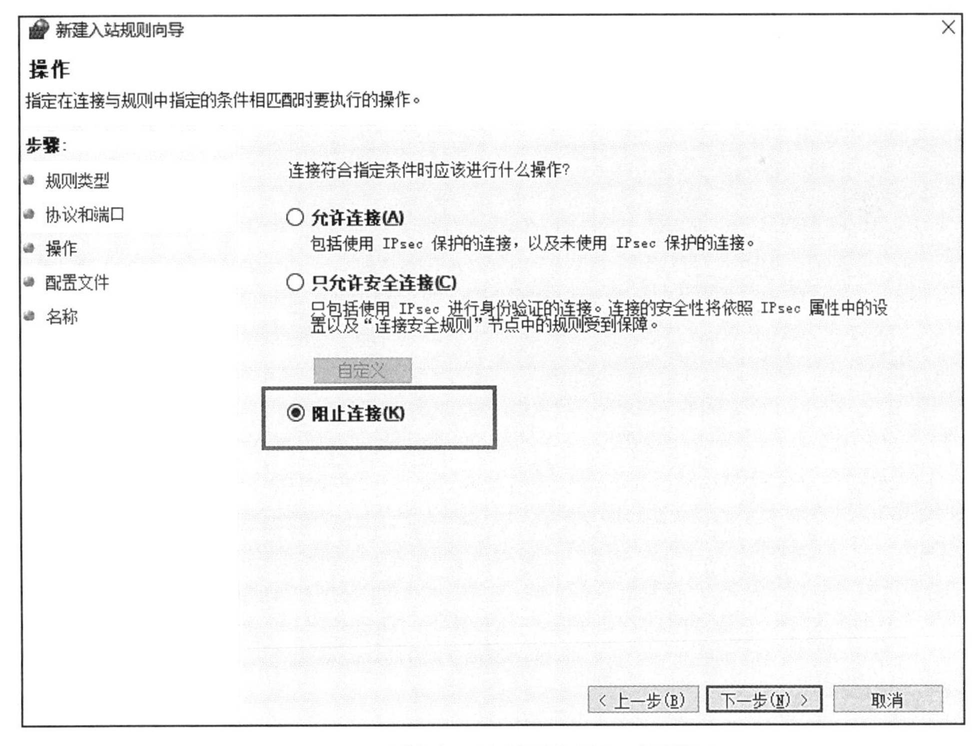

图 6-14 “新建入站规则向导”对话框 3

【步骤 5】同学 A 再次通过文件共享，不能访问到 B 的文件夹。

本章小结

本章简单介绍了网络安全的一些基础知识，并介绍了网络安全中的两个防御手段——加密与防火墙，之后通过实验更进一步说明了网络安全的重要性。网络安全是一个很大的领域，在这里我们无法在这进行深入的 探讨，有兴趣的读者可以自己深入了解。

习　题

1. 在众多网络攻击中，下列哪一项属于使资源目标不能继续提供正常服务的攻击形式？
   A. 木马攻击
   B. 信息篡改
   C. 拒绝服务
   D. 入侵攻击
2. 请自己设计一个简单的加密算法。
3. 如何设置防火墙拒绝其他人访问 WWW 服务？
4. 试述防火墙的工作原理和所提供的功能。

第 7 章　网络新技术

随着网络的发展，近年来计算机网络出现了许多热点，如 IPv6、物联网、云计算、5G 移动通信、元宇宙等，这些都是在计算机网络技术高度发展和互联网广泛应用的基础上产生的。随着网络信息技术的迅猛发展，互联网已全面融入经济社会生产生活的各个领域，引领社会生产发生新变化，为人类生活创造新空间，成为推动全球创新变革、发展共享的重要课题。

7.1　5G

5G 就是 5G 网络（5th Generation Mobile Networks），是第五代移动通信技术，其峰值理论传输速率可达 20 Gb/s，合 2.5 GB 每秒，其传输速率远远高于 4G 网络。

7.1.1　5 G 网络的主要优势

（1）更快的数据传输速率。5G 的网络速率是 4G 的 10 倍以上，下载 1G 的文件 10 s 内即可完成。

（2）更快的响应时间（更低的网络延迟）。4G 网络响应时间为 30 ~ 70 ms，而 5G 网络响应时间小于 1 ms，因而信息交换可以精准流畅地进行。

（3）传播更稳定。5G 网络采用了新的设备和技术，以保证能够适应各种复杂场景，不会因传输环境复杂而降低传输速率慢或传输的稳定性。

（4）容量更大。5G 网络的连接容量更大，可支持 100 万个连接同时在线。

7.1.2　5G 技术原理

在有线媒体上高速传播数据是很容易的，早在 2018 年，华为就将单根光纤的最高传输速率提高到了 40 Tb/s。所以现在所说的 5G 主要是专注于无线通信能力的瓶颈突破。无线通信是利用电磁波进行通信，如图 7-1 所示。目前，高频电磁波和超高频电磁波主要用于移动通信。5G 移动网络通信技术的核心技术是高频技术传输，电磁波频率越高，其传输速度就越快。

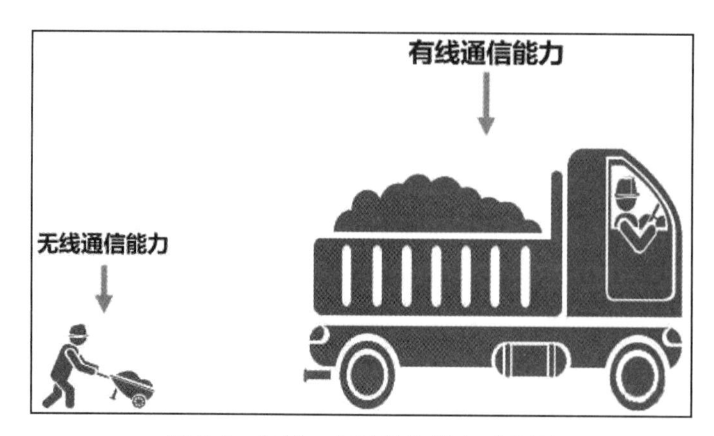

图 7-1　有线、无线通信能力对比图

无线通信介质电磁波的一个显著特点是：频率越高（波长越短），越接近直线传播（衍射能力越差）。与此同时，频率越高，也意味着在通信传播过程中信号的衰减越大。5G 通信使用的频率远高于 4G 通信的频率，因此 5G 通信信号的传输距离大大缩短，其信号的覆盖能力也削弱很多。所以在同一区域内 5G 基站的数量会远高于同一区域内的 4G 基站数量，如图 7-2 所示。

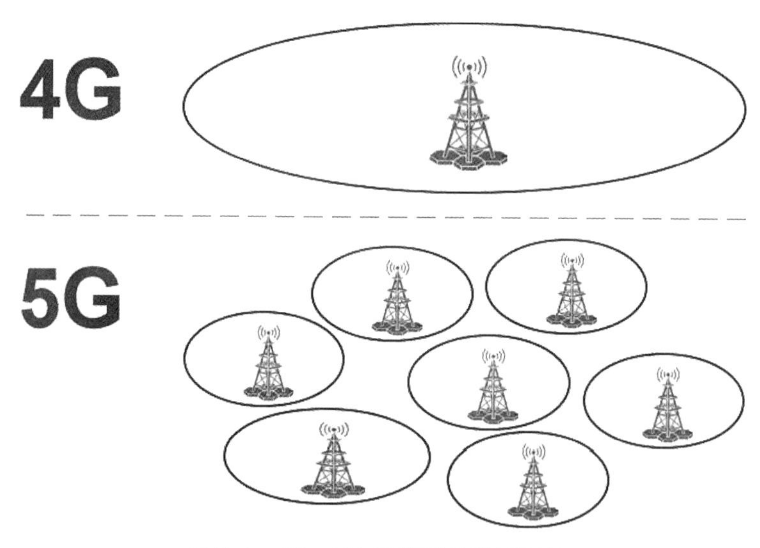

图 7-2　4G、5G 通信覆盖范围对比

5G 通信技术在网络建设中将大量使用微基站，而 4G 通信中使用的主要设备是宏基站，所以虽然 5G 通信系统中基站数量众多，但 5G 基站的建设成本总体还会降低，如图 7-3 所示。而且微型基站由于体积小、功耗低，不会造成高辐射。在实际运用中，5G 基站 200 W 的发射功率，在半径为 10 m 的球面空间范围内的电磁辐射强度仅为 0.159 W/m^2，这意味着 5G 基站在 10 m 处的辐射强度，仅为地球表面阳光辐射强度的 1/8555。5G 基站在低辐射的同时还能保证通信信号的稳定。

图 7-3 宏基站

图 7-4 微基站

在移动通信中，需要使用天线接收通信信号。天线的长度应与波长成正比，约为波长的 1/10 ~ 1/4。随着通信技术的发展，移动通信的频率越来越高，波长越来越短，所需天线也越来越短，所以 5G 的天线以天线阵列的形式集成在 5G 微基站之中，如图 7-4 所示。

5G 通信技术中的大规模多输入多输出（Multiple Input Multiple Output，MIMO）技术，旨在通过更多的天线来大大提高网络容量和信号质量。采用 MIMO 技术的 5G 基站不仅可以通过使用天线阵列来获取更多的无线信号流以提高网络容量，而且可以通过波束形成大大提高网络的覆盖能力，从而提升信号的质量，如图 7-5 所示。

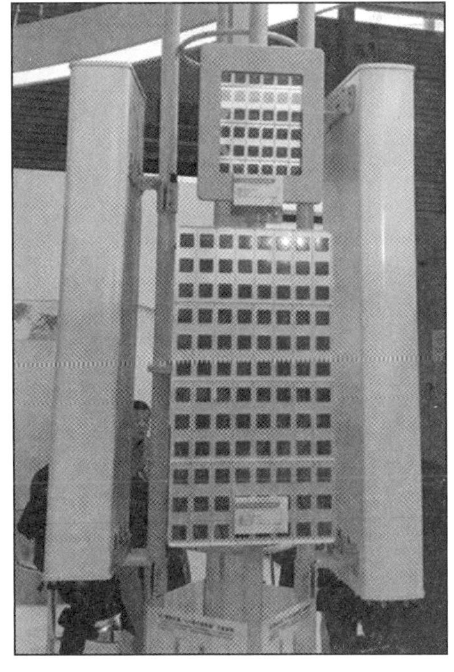

图 7-5 天线阵列

D2D（Device-to-Device communication）即设备对设备通信，是5G移动网络中的关键技术之一，在5G通信网络中，如果同一基站下的两个用户相互通信，他们的数据将不再通过基站传输，而是直接在终端设备之间传输。D2D通信可以减轻基站的负担，降低端到端的传输时延，提高通信传输速率。

5G技术的不断发展和应用，将为用户带来更加丰富的网络体验，给生活和社会带来更多惊喜和便利。

7.2 IPv6

7.2.1 IPv6 产生的背景

随着Internet的发展尤其是规模爆炸式的增长，IPv4固有的一些缺陷也逐渐暴露出来，主要集中于以下几个方面:

（1）地址枯竭。

IPv4使用32位长的地址，全球可提供的IPv4地址大约有42亿个。在互联网发展初期，人们认为IP地址足够多，不会出现枯竭的情况，导致最初IP地址分配的随意性。而且由于经验不足，IP地址是按类分配的，而地址类别的划分又不尽合理，结果导致大量地址被浪费。

另外，由于IPv4地址的分配采用的是“先到先得，按需要分配”的原则，互联网在全球各个国家和各个国家内的各个区域的发展又是极不均衡的，这就势必造成大量IP地址资源集中分布在某些发达国家和各个国家的某些发达地区的情况。IP地址分布的这种不均衡现象，使得真正应用中就出现了部分国家和某些国家部分区域的IP地址不够用的现状。

现在，越来越多的设备也会连接到互联网上，除了PC，还有PAD、汽车、手机、各种家用电器等。特别是手机，几乎所有的手机厂商都在向国际因特网地址管理机构ICANN申请，要给他们生产的每一部手机都分配一个IP地址。而竞争激烈的家电企业也要给每一台带有联网功能的电视、空调、微波炉等设置一个IP地址。IPv4显然已经无法满足这些要求。

（2）路由瓶颈。

Internet规模的增长也导致路由器的路由表迅速膨胀，路由效率特别是骨干网络路由效率急剧下降。IPv4的地址归用户所有，这使得移动IP路由复杂，难以适应当今移动业务发展的需要。在IPv4地址枯竭之前，路由问题已经成为制约Internet效率和发展的瓶颈。

（3）安全和服务质量难以保障。

电子商务、电子政务的基础是网络的安全性和可靠性，语音视频等业务的开展对服务质量（QoS）提出了更高的要求。而IPv4本身缺乏安全和服务质量的保障机制，很多黑客攻击手段（如DDoS）正是利用了IPv4的缺陷。

（4）IPv4地址结构有严重缺陷。如果一个组织分配了A类地址，大部分的地址空间被浪费了；如果一个组织分配了C类地址，地址空间又严重不足，而且D类和E类地址都无法利用。虽然出现了子网和超网这样的弥补措施，但是使得路由策略十分复杂。

（5）IPv4协议的设计没有考虑音频流和视频流的实时传输问题，不能提供资源预约机制；不能保证稳定的传输延迟。

（6）IPv4 没有提供加密和认证机制，不能保证机密 数据资源的安全传输。

尽管 NAT （网络地址转换）、CIDR（无类别域际路由选择）等技术能够在一定程度上缓解 IPv4 的危机，但都只是权宜之计，同时还会带来费用、服务质量、安全等方面的新问题。要从根本上解决 IPv4 的危机，就需要开发新一代网络层协议，IPv6 就是在这种背景下开发的替代 IPv4 的下一代 IP 协议。

7.2.2 IPv6 地址的表示

IPv6 的地址长度为 128 位，是 IPv4 地址长度的 4 倍。IPv6 地址用冒分十六进制表示，即每个 IPv6 地址被分为 8 组，每组的 16 比特用 4 个十六进制数来表示，组和组之间用冒号（:）隔开。比如 2001:0410:0000:0001:0000:0000:0000:45FF。

为了简化 IPv6 地址的表示，对于 IPv6 地址中的“0”可以有下面的处理方式：

（1）每组中的前导“0”可以省略，即上述地址可写为 2001:410:0:1:0:0:0:45FF。

（2）如果地址中包含连续两个或多个均为 0 的组，则可以用双冒号“::”来代替，即上述地址可写为 2001:410:0:1::45FF。

注意：在一个 IPv6 地址中只能使用一次双冒号“::”，否则当设备将“::”转变为 0 以恢复 128 位地址时，将无法确定“::”所代表的 0 的个数。

IPv6 地址由两部分组成：地址前缀与接口标识。其中，地址前缀通常带有注册者、提供商和授权的信息、子网信息，相当于 IPv4 地址中的网络 ID；接口标识相当于 IPv4 地址中的主机 ID。

地址前缀的表示方式为：IPv6 地址/前缀长度。其中，IPv6 地址是前面所列出的任一形式，而前缀长度是一个十进制数，表示 IPv6 地址最左边多少位为地址前缀。例如，前面的同一地址有以下三种不同表示法：

2001:0410:0000:0001:0000:0000:0000:45FF/64

2001:410:0:1:0:0:0:45FF/64

2001:410:0:1::45FF/64

地址 2001:A304:6101:1::E0:F726:4E58 /64 的构成如图 7-6 所示。

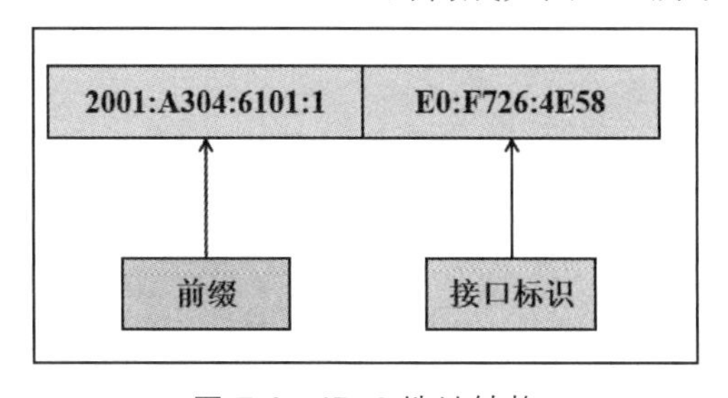

图 7-6 IPv6 地址结构

7.2.3 IPv6 地址的类型

IPv6 地址整体上分为三类：单播地址，任播地址，组播地址。

1. 单播地址

一个单播地址对应一个接口，发往单播地址的数据包会被对应的接口接收。

2. 任播地址

一个任播地址指定可能在不同位置但共享单个地址的一组接口。发送至任播地址的信息包只发往该任播组中最近的成员。

任播地址没有独立的地址空间，它们使用单播地址的格式。通常我们认为任播地址的格式是一个用前缀表示的格式，如 111::，如果该地址被赋予了多个节点，那么就自动成为任播地址。

配置地址时须使用 anycast 关键字，以此区别单播和任播。

3. 组播地址

一个组播地址对应一组接口，发往组播地址的数据包会被这组的所有接口接收；组播地址最高 8 位为 FF，如图 7-7 所示。

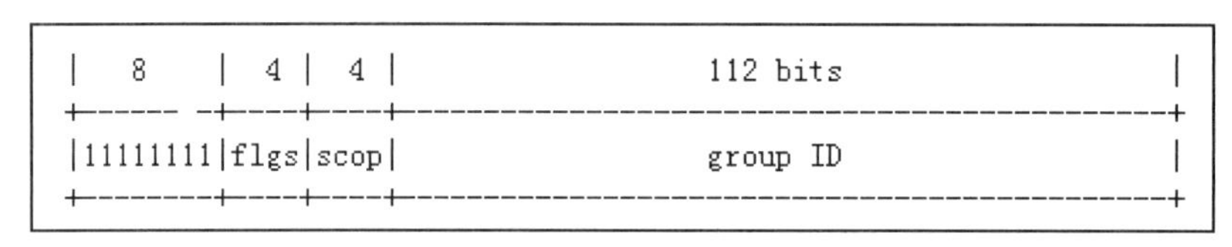

图 7-7 IPv6 组播地址结构

7.2.4 IPv6 相较于 IPv4 的主要变化

（1）更大的地址空间。IPv6 把地址从 IPv4 的 32 位增加到了 128 位，实际地址空间增大了 4 倍，足够满足互联网发展使用。

（2）扩展的地址层次结构。IPv6 由于地址空间很大，因此可以划分更多的层次。

（3）灵活的首部格式。IPv6 数据报的首部和 IPv4 的并不兼容，IPv6 定义了许多可扩展的首部，不仅可以提供比 IPv4 更多的功能，而且还可以提高路由器的处理效率，这是因为路由对扩展首部不进行处理。

（4）改进的选项。IPv6 允许数据报包含有选项的控制信息，因而可以包含一些新的选项，而 IPv4 所规定的选项是固定不变的。

（5）允许协议继续扩充。因为技术总在不断地发展，网络硬件不断更新，而新的应用也会不断出现。允许协议扩充，为未来网络发展提供了更灵活的空间。

（6）IPv6 支持即插即用（自动配置）。

（7）IPv6 支持资源的预分配及实时视频等要求，保证一定的带宽和时延的应用。

（8）IPv6 首部改为 8 字节对齐（首部程度必须是 8 字节的整数倍），IPv4 首部是 4 字节对齐。

要真正用上 IPv6，需要满足一系列先决条件，从终端设备、网卡、系统到路由器、光猫，以及对应的网站等等，都要支持或对 IPv6 做相应的适配。现在最近几年生产的绝大部分网络终端产品或者网卡，均提供了对 IPv6 的支持。截止到 2021 年 5 月，我国 IPv6 活跃用户数突破 5 亿，在互联网网民中的占比超过了一半。但国内的网络内容服务提供商对 IPv6 的支持是不够的，经实验发现，大部分 App 在纯 IPv6 模式下都无法正常使用，表现页面无法加载、提示没有联网等。IPv6 技术的广泛运用还需要国内互联网厂商对于该技术的应用投入。

7.3　物联网（万物互联）

7.3.1　物联网简介

物联网（The Internet of Things，IOT）是新一代信息技术的重要组成部分，IT 行业又叫“泛互联”，意指“物物相连，万物万联”。由此，“物联网就是物物相连的互联网”。这有两层意思：第一，物联网的核心和基础仍然是互联网，是在互联网基础上延伸和扩展的网络；第二，其用户端延伸和扩展到了任何物品与物品之间进行信息交换和通信。因此，物联网的定义是通过射频识别、红外感应器、全球定位系统、激光扫描器等信息传感设备，按约定的协议，把任何物品与互联网相连接，进行信息交换和通信，以实现对物品的智能化识别、定位、跟踪、监控和管理的一种网络。

物联网具有以下技术特点：

（1）各种感知技术的广泛应用。

物联网上部署了海量的多种类型传感器，每个传感器都是一个信息源，不同类别的传感器所捕获的信息内容和信息格式不同。传感器获得的数据具有实时性，按一定的频率周期性地采集环境信息，不断更新数据。

（2）物联网建立在互联网上，能进行可靠的信息传输。

物联网通过各种有线和无线网络与互联网融合，将物体的信息实时准确地传递出去。在传输过程中，为了保障数据的正确性和及时性，必须适应各种异构网络和协议。

（3）物联网不仅提供了传感器的连接，其本身也具有智能处理的能力，能够对物体实施智能控制。

7.3.2　物联网发展历程

物联网从 1995 年概念提出到 2019 年崛起，特别是最近两年其发展极为迅速，不再停留在单纯的概念、设想阶段，而是逐渐成为国家战略、政策扶植的对象，这个发展过程历时近 30 年。下面列出了物联网发展历程中的关键节点。

1995 年，物联网概念最早出现于比尔盖茨《未来之路》一书，只是当时受限于无线网络、硬件及传感设备的发展，并未引起世人的重视 。

1998 年，美国麻省理工学院创造性地提出了当时被称作 EPC 系统的“物联网”构想 。

1999 年，美国 Auto-ID 首先提出“物联网”的概念，主要是建立在物品编码、RFID 技术和互联网的基础上。过去在中国，物联网被称为传感网。中科院早在 1999 年就启动了传感网的研究，并已取得了一些科研成果，建立了一些适用的传感网。同年，在美国召开的移动计算和网络国际会议提出了，“传感网是下一个世纪人类面临的又一个发展机遇”。

2003 年，美国《技术评论》提出传感网络技术将是未来改变人们生活的十大技术之首 。

2005 年 11 月 17 日，在突尼斯举行的信息社会世界峰会（WSIS）上，国际电信联盟（ITU）发布了《ITU 互联网报告 2005：物联网》，正式提出了“物联网”的概念。报告指出，无所不在的“物联网”通信时代即将来临，世界上所有的物体从轮胎到牙刷、从房屋到纸巾都可以通过因特网主动进行交换。射频识别技术（RFID）、传感器技术、纳米技术、智能嵌入技术将得到更加广泛的应用和关注 。

2009 年初，美国国际商业机器公司（即 IBM）提出了“智慧的地球”概念，认为：信息产业下一阶段的任务是把新一代信息技术充分运用到各行各业之中，具体就是把传感器嵌入和装备到电网、铁路、桥梁、隧道、公路、建筑、供水系统、大坝、油气管道等各种物体中，并且将其普遍连接，形成物联网。

2009 年 6 月，欧盟委员会向欧盟议会、理事会、欧洲经济和社会委员会及地区委员会递交了《欧盟物联网行动计划》,其目的是希望欧洲通过构建新型物联网管理框架来引领世界“物联网”的发展。

2009 年 8 月，日本提出“智慧泛在”构想，将传感网列为国家重要战略，致力于一个个性化的物联网智能服务体系。

2009 年 8 月，温家宝来到中科院无锡研发中心考察，指出关于物联网可以尽快去做的三件事情：一是把传感系统和 3 G 中的 TD 技术结合起来；二是在国家重大科技专项中，加快推进传感网发展；三是尽快建立中国的传感信息中心，或者叫“感知中国”中心。

2009 年 10 月，韩国通信委员会通过《物联网基础设施构建基本规划》，将物联网确定为新增长动力，树立了“通过构建世界最先进的物联网基础设施，打造未来广播通信融合领域超一流信息强国”的目标。

2010 年 3 月，韩国通信委员会通过《物联网基础设施构建基本规划》，将物联网确定为新增长动力，树立了“通过构建世界最先进的物联网基础设施，打造未来广播通信融合领域超一流信息强国”的目标。

2012 年，工业和信息化部、科学技术部、住房和城乡建设部再次加大了支持物联网和智慧城市方面的力度。

2013 年，谷歌智能眼镜的发布是物联网和可穿戴技术的革命性进步。

2014 年，亚马逊发布 Echo 智能音箱，为进军智能家居中心市场铺平道路。也是在这一年，工业物联网标准联盟成立，也间接表明物联网具有改变任何制造和供应链流程运作方式的潜力。

2017—2019 年，物联网的发展变得更便宜、更容易、更被广泛接受，从而引发了整个行业的创新浪潮。自动驾驶汽车在不断完善，区块链和人工智能已经开始融入物联网平台，智能手机/宽带普及率的提升将继续使物联网成为未来有吸引力的价值主张。

2021 年 7 月 13 日，中国互联网协会发布了《中国互联网发展报告（2021）》，物联网市场规模达 1.7 万亿元，人工智能市场规模达 3031 亿元。

2021 年 9 月，工信部等八部门印发《物联网新型基础设施建设三年行动计划（2021-2023 年）》，明确到 2023 年底，在国内主要城市初步建成物联网新型基础设施，社会现代化治理、产业数字化转型和民生消费升级的基础更加稳固。

7.3.3　物联网体系结构

物联网通常被公认为有 3 个层次，从下到上依次是感知层、网络层和应用层，如图 7-8 所示。

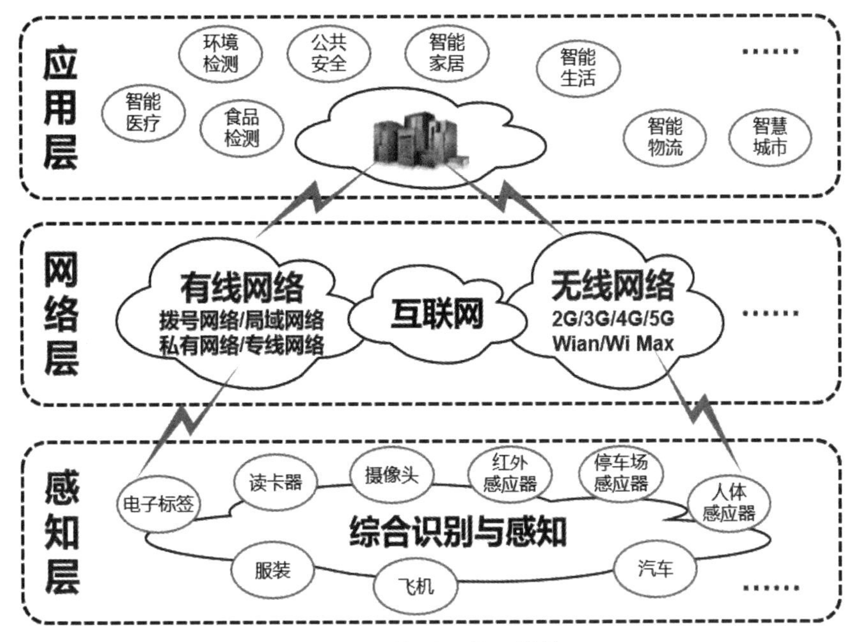

图 7-8　物联网体系结构

1. 感知层

功能：物联网的感知层主要完成信息的收集、转换。

组成：传感器（或控制器）、短距离传输网络。传感器（或控制器）用于数据采集和控制；短距离传输网络将传感器收集的数据发送给网关或将应用平台的控制指令发给控制器。

关键技术：传感器技术、射频识别（RFID）技术和短距离传输网络技术。

2. 网络层

功能：主要完成信息的传输和处理。

组成：接入单元、接入网两部分。

接入单元是连接感知层的桥梁，它将从感知层获得的数据聚合起来，并将数据发送到接入网。

接入网是指现有的通信网络，包括移动通信网络、有线电话网、有线宽带网络等。通过接入网络，人们最终将数据传送到互联网上。

关键技术：包括现有通信技术，如移动通信技术、有线宽带技术、Wi-Fi 通信技术等，还包括终端技术，如实现传感网络与通信网络结合的网络设备、为各种行业终端提供通信能力的通信模块等。

3. 应用层

功能：主要完成数据管理和数据处理，并将这些数据与各行业的应用结合起来。

组成：包括物联网中间件、物联网应用两部分。

物联网中间件是一个独立的系统软件或服务程序。中间件将许多公共功能结合在一起，并提供给各种各样的物联网应用程序。

关键技术：主要基于软件的各种数据处理技术，此外，云计算技术作为海量数据存储、分析平台，也将是物联网应用层的重要组成部分。

从应用服务的角度来看，物联网可分为感知、传递、支持和应用四个部分，如图 7-9 所示。

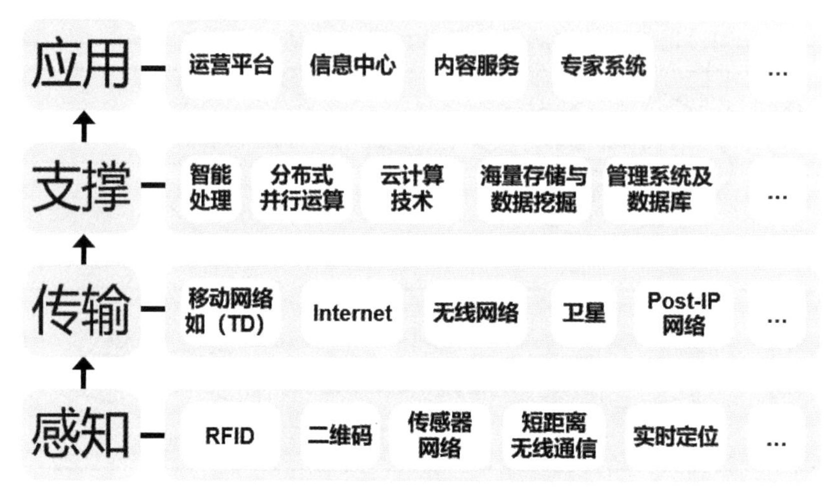

图 7-9 物联网体系架构（应用服务角度）

7.3.4 物联网的应用领域

物联网的应用领域涉及方方面面，在工业、农业、环境、交通、物流、安保等基础设施领域的应用，有效地推动了这些方面的智能化发展，使得有限的资源更加合理地使用分配，从而提高了行业效率、效益。在家居、医疗健康、教育、金融与服务业、旅游业等与生活息息相关的领域的应用，使服务范围、服务方式、服务的质量等方面都有了极大的改进，大大提高了人们的生活质量；在国防军事领域，虽然还处在研究探索阶段，但物联网应用带来的影响也不可小觑，大到卫星、导弹、飞机、潜艇等装备系统，小到单兵作战装备，物联网技术的嵌入有效提升了军事智能化、信息化、精准化，极大提升了军事战斗力，是未来军事变革的关键。

下面简要介绍物联网的十大应用领域。

（1）交通。

它应用于智能客车、共享自行车、汽车网络、充电桩监控、智能交通灯、智能停车场等领域。在互联网企业中，汽车联网竞争更加激烈。近年来，随着人工智能技术和物联网技术的发展，自动驾驶汽车技术日趋成熟。汽车上的许多传感器采集到的数据可以帮助驾驶员更好地驾驶汽车，甚至帮助司机做出决策。

（2）物流。

在物联网、大数据和人工智能的支持下，物流的各个环节都能够实现系统感知、综合分析和处理等功能。

物联网技术在物流领域的应用主要有仓储、运输监控、快递终端等。连接网络技术可以监测货物的温度、湿度，以及运输车辆的位置、状态、油耗、速度等。从运输效率的角度来看，物流行业的智能化水平得到了提高。

（3）安防。

传统的安全依赖于人力，而智能安全则可以使用设备来减少对人员的依赖。其核心是智能安全系统，主要包括访问控制、报警、监控、视频监控等，同时可以传输存储的图像，也可以进行分析和处理。

（4）能源环保。

在能源及环保方面，物联网的数码巡查是针对电信营办商及能源业等管道检验的新管理模式，采用数码及资讯措施，以解决操作及维修部门在操作及维修检查管理方面的监察及维修问题。针对建设项目的管理，对日常运行维护检查、故障检测和报告处理流程进行管理，通过手机场景照片和视频、进度、故障和 GPS 坐标等进行报告。GIS 地图服务、工作流程处理等手段协助操作维护人员进行监督和管理，从而提高操作维护管理的效率。

（5）医疗。

在医疗领域，可穿戴医疗设备可以将数据形成电子文档，便于查询。可穿戴设备可以通过传感器监测心跳频率、身体衰竭和血压。利用 RFID 技术，我们可以监控医疗设备和医疗用品，实现医院的可视化和数字化。

（6）建筑。

建筑与物联网的结合体现在节能方面，类似于医院医疗设备的管理。智能建筑具有建筑设备意识，既能节约能源，又能降低操作和维护的人员成本。具体而言，电气照明、消防监控、智能电梯、楼宇监控等。

（7）零售。

零售和物联网的结合体现在无人值守的便利店和自动售货机上。智能零售将数字化处理零售领域的自动售货机和便利店，形成无人值守的零售模式，从而节省劳动力成本，提高商业效率。

（8）家居。

家居与物联网的结合，促使许多智能家居企业走向物联网，智能家居产业的发展首先是单一的产品连接，对象与对象的连接处于中间阶段，最后阶段是平台集成，同时利用物联网技术，可以监控家居产品的位置、状态、变化、分析和反馈。

（9）制造。

制造业领域涉及多个行业。制造业与物联网的结合，主要是一个数字化、智能化的工厂，有机械设备监控和环境监控。环境监测是温度、湿度和烟雾。

设备制造商可以远程升级和维护设备，了解设备的使用状况，并收集产品的其他信息，这有利于将来的产品设计和售后服务。

（10）农业。

农业与物联网的融合，在智慧农场里，人们将部署各种传感节点（用于获取环境温湿度、土壤水分、土壤肥力、二氧化碳、图像等信息），利用无线通信网络实现农业生产环境的智能感知、智能预警、智能决策、智能分析和专家在线指导，为农业生产提供精准化种植、可视化管理和智能化决策。

物联网通过智能感知、射频识别技术和智能控制等通信传感技术，广泛应用于网络融合。它已成为继计算机、互联网之后世界信息产业发展的第三次浪潮，成为未来社会的主旋律。

7.3.5　物联网面临的挑战

虽然物联网近年来的发展已经渐成规模，各国都投入了巨大的人力、物力、财力来进行研究和开发。但是在技术、管理、成本、政策、安全等方面仍然存在许多需要攻克的难题，具体分析如下。

（1）技术标准的统一与协调。

传统互联网的标准并不适合物联网。物联网感知层的数据多源异构，不同的设备有不同的接口，不同的技术标准；网络层、应用层也由于使用的网络类型不同、行业的应用方向不同而存在不同的网络协议和体系结构。建立的统一的物联网体系架构，统一的技术标准是物联网正在面对的难题 。

（2）管理平台问题。

物联网自身就是一个复杂的网络体系，加之应用领域遍及各行各业，不可避免地存在很大的交叉性。如果这个网络体系没有一个专门的综合平台对信息进行分类管理，就会出现大量信息冗余、重复工作、重复建设造成资源浪费的状况。每个行业的应用各自独立，成本高、效率低，体现不出物联网的优势，势必会影响物联网的推广。 物联网现急需要一个能整合各行业资源的统一管理平台，使其能形成一个完整的产业链模式。

（3）成本问题。

各国对物联网都积极支持，在看似百花齐放的背后，能够真正投入并大规模使用的物联网项目少之又少。譬如，实现 RFID 技术最基本的电子标签及读卡器，其成本价格一直无法达到企业的预期，性价比不高；传感网络是一种多跳自组织网络，极易遭到环境因素或人为因素的破坏，若要保证网络通畅，并能实时安全传送可靠信息，网络的维护成本高。在成本没有达到普遍可以接受的范围内，物联网的发展只能是空谈。

（4）安全性问题。

传统的互联网发展成熟、应用广泛，尚存在安全漏洞。物联网作为新兴产物，体系结构更复杂、没有统一标准，各方面的安全问题更加突出。其关键实现技术是传感网络，传感器暴露的自然环境下，特别是一些放置在恶劣环境中的传感器，如何长期维持网络的完整性对传感技术提出了新的要求，传感网络必须有自愈的功能。 这不仅仅受环境因素影响，人为因素的影响更严峻。RFID 是其另一关键实现技术，就是事先将电子标签置入物品中以达到实时监控的状态，这对于部分标签物的所有者势必会造成一些个人隐私的暴露，个人信息的安全性存在问题。不仅仅是个人信息安全，如今企业之间、国家之间合作都相当普遍，一旦网络遭到攻击，后果将更不敢想象。如何在使用物联网的过程做到信息化和安全化的平衡至关重要。

本章小结

本章介绍了 5G 移动通信技术概述、IPv6 的产生背景、物联网的相关概念、物联网的特点、本章重点介绍了 5G 技术原理、IPv6 的技术特点、物联网的体系架构从感知层、网络层、应用层分别进行了介绍三个组成部分的关键技术、在物联网中的功能、物联网主要应用领域。

习　题

1. 简述第 5 代通信技术 5G 有何优势，5G 与前几代通信技术有何区别。
2. 简述 IPv6 与 IPv4 的区别。
3. 简述互联网以及其他网络新兴技术的发展趋势以及网络新技术为本专业所带来的机遇与挑战。

参考文献

1. 谢希仁. 计算机网络（第 8 版）[M]. 北京：电子工业出版社，2021.

2. 王辉，雷聚超. 计算机网络原理及应用[M]. 北京：清华大学出版社，2019.

3. 高阳，王坚强. 计算机网络原理与实用技术[M]. 北京：清华大学出版社，2009.

4. 吴功宜.计算机网络（第 5 版）[M]. 北京：清华大学出版社，2021 年.

5. 王志文，陈妍，夏秦，何晖. 计算机网络原理（第 2 版）[M]. 北京：机械工业出版社，2019.

6. [荷] Andrew S Tanenba. 计算机网络（第 4 版）[M]. 北京：机械工业出版社，2011.

7. [美] James，F.Kurose，Keith，W.Ross，著. 计算机网络：自顶向下方法（第 7 版）[M]. 陈鸣，译. 北京：机械工业出版社，2018.

附件：“计算机网络原理”教学大纲

一、课程基本信息

课程名称（中、英文）：计算机网络原理
课程编码：
总 学 时：32（讲课 16，上机 16）
学　　分：2
适应专业：网络与新媒体
课程性质：专业必修课
教　　材：文科生也能学懂的《计算机网络原理》
推荐书目：韩立刚. 计算机网络原理创新教程产. 北京：中国水利水电出版社，2017.

二、课程目的及要求

（一）本课程目的

“计算机网络原理”课程的教学目的，是使学生掌握在信息化社会中学习、工作和生存所必须具备的计算机网络特别是 Internet 应用知识和基本操作技能。培养学生初步掌握模型中的基本网络协议和网络应用层中的常用协议，初步掌握计算机网络接入技术，初步掌握计算机网络安全知识，学会运用一些知识去理解现代计算机网络，使用计算机网络必须要做的安全防范措施，培养学生发现计算机网络中的问题和解决问题的能力，使传媒系的学生对计算机网络有一个全面而深入的认识。

（二）本课程要求

本课程养成学生以计算机网络原理为基础的对现代计算机网络及其应用进行理解和分析的意识，并为日后学习有关计算机网络的其他学科打下坚实的基础。

三、本课程与相关课程的关系

“计算机网络原理”的后续课程是“网页设计与制作”，通过“计算机网络原理”课程学习，使学生具备后续课程所需的网络应用基础能力。

四、教学内容及学时分配（见附表 1）

附表 1 教学内容及学时分配

教学进度（以周为单位）	课堂讲授	重点和难点	学时分配
	教学内容摘要 （章节名称、讲述的内容提要，课堂讨论的题目等）		总学时（32）
1	第 1 章 认识计算机网络 1.1 计算机网络的发展史 1.2 计算机网络的相关概念 本节小结	1. 了解计算机网络的形成与发展、应用及其发展趋势 2. 掌握计算机网络的定义、组成、功能、分类、分组交换等基本概念	2 学时
2	第 1 章 认识计算机网络 1.3 计算机网络的工作原理 本章小结	1. 了解 OSI 模型的产生背景及各层功能 2. 掌握 TCP/IP 各层功能和协议分布，OSI 模型与 TCP/IP 模型的区别	2 学时
3	第 2 章 计算机网络的家庭成员 2.1 传输介质 2.2 网络设备 本节小结	了解并掌握网络之间的传输介质和网络设备	2 学时
4	第 2 章 计算机网络的家庭成员 实验 2.1 双绞线（直通线与交叉线）的制作与测试 本章小结	1. 掌握 RJ-45 水晶头的制作方法； 2. 学会制作双绞线和直通线； 3. 掌握网络电缆测试仪的使用方法； 4. 学会使用测线仪对制作好的直通线和交叉线进行测试	2 学时
5	第 3 章 局域网构建 3.1 局域网的工作原理 3.2 局域网的拓扑结构 本节小结	理解局域网的工作原理和组网结构	2 学时
6	第 3 章 局域网构建 实验 3.1 两台计算机组建对等网	1. 理解对等网的基本概念和特点； 2. 掌握对等网的组建方法； 3. 掌握测试对等网的连通性	2 学时
7	第 3 章 局域网构建 实验 3.2 多台计算机组建局域网 实验 3.3 手机热点组建无线局域网 本章小结	1. 掌握使用以太网技术组建局域网； 2. 掌握测试局域网计算机之间的互通性； 3. 了解构建家庭无线局域网的过程； 4. 掌握无线路由器等相关设备的物理连接； 5. 掌握使用无线路由器配置家庭无线局域网的技能	2 学时

续表

教学进度（以周为单位）	课堂讲授	重点和难点	学时分配
8	第4章　局域网的应用 实验4.1　局域网共享文件资源 实验4.2　“飞秋软件”局域网聊天 本节小结	1. 掌握TCP/IP属性设置。 2. 通过文件共享初步理解网络的作用； 掌握如何设置文件共享，对共享文件夹进行读写操作； 3. 了解局域网通信基本原理； 4. 熟悉局域网通信的软件应用； 5. 掌握局域网工具飞秋的基本功能； 6. 掌握飞秋软件聊天和传输文件	2学时
9	第4章　局域网的应用 实验4.3　局域网共享打印机 阶段性测验	1. 掌握TCP/IP属性设置； 2. 通过共享打印机理解网络的应用； 3. 掌握如何设置局域网打印机共享	2学时
10	第5章　Internet的应用 5.1　Internet简介 5.2　Internet工作原理 5.3　Internet服务 5.3.1　DNS域名服务 5.3.2　WWW服务	1. 了解应用层的各协议及其功能； 2. 了解Internet的域名结构与域名解析	2学时
11	第5章　Internet的应用 5.3.3　FTP文件传输服务 5.3.4　远程登录 5.3.5　电子邮件服务 实验5.1　搭建自己的FTP服务器	1. 了解Telnet协议工作方式； 2. 掌握远程桌面操作方法； 3. 了解电子邮件相关概念； 4. 掌握电子邮件收发等操作方法； 5. 掌握FTP创建与管理的相关操作	2学时
12	第5章　Internet的应用 实验5.2　搭建自己的Web服务器 本章小结	1. 掌握申请站点服务器和域名的流程； 2. 了解公网IP地址申请流程； 3. 掌握本地创建Web服务器的操作方法； 4. 掌握Web网站管理和配置的操作方法； 5. 掌握Web网站基本身份验证与IP地址及域名限制的操作方法	2学时

续表

教学进度（以周为单位）	课堂讲授	重点和难点	学时分配
13	第 6 章　网络安全 6.1　网络安全概述 6.2　信息加密原理 实验 使用加密软件	1. 了解网络安全相关知识； 2. 了解加密软件使用方法	2 学时
14	第 6 章　网络安全 6.3　防火墙 实验：攻击（抓包）与防御（设置防火墙）	1. 通过抓包工具 Wireshark 了解未加密文件在传输过程中的危险； 2. 掌握防火墙安装设置相关方法	2 学时
15	第 7 章　未来网络新技术 7.1　5G 7.2　IPv6 7.3　物联网（万物互联） 阶段性测验	了解 5G、IPv6、物联网等新技术	2 学时
16	全课程总结与复习	归纳和总结	2 学时
教学方法与手段	通过教材进行基本内容讲解，理论联系实际，并辅以多媒体辅助教学手段		
学习方法	课前预习，课上听讲、记笔记，课后复习、上机实践		

五、教学方法及手段

（一）教学方法

本课程主要使用项目教学法、问题导向法、数字化平台法结合常用网络工具，让学生掌握学习工作中最常用、实用的网络应用方法与技巧。

（二）手　段

多媒体课件和上机实践。

六、实践环节容的要求

实验的内容和要求：使用常用网络应用工具对进行各单元实验项目操作，在技术上掌握网络资源共享、网站发布、远程协同、网络安全等所需要的各个知识点，在反复练习的过程中培养学生发现计算机网络问题和解决问题的能力。

七、典型作业（报告、设计、习题）练习及要求

实验 1　双绞线（直通线与交叉线）的制作与测试
实验 2　两台计算机组建对等网
实验 3　以太网技术组建多台计算机的局域网
实验 4　组建家庭无线局域网
实验 5　IP 地址解析实现对等网通信
实验 6　局域网共享文件资源
实验 7　“飞秋软件”局域网聊天
实验 8　局域网共享打印机
实验 9　搭建自己的 FTP 服务器
实验 10　搭建自己的 Web 服务器
实验 11　攻击（抓包）与防御（设置防火墙）

八、课程考核方式

1. 期末考核方式

学生完成网络应用实践项目并撰写相关论文。

2. 课程主要考核内容

（1）局域网组建：学生运用所学知识，独立完成（可按实际条件选择搭建多台计算机组建局域网或手机热点组建无线局域网）以截图或拍照等形式记录局域网组建关键步骤，并辅以相关步骤文字说明。

（2）局域网资源共享：学生运用所学知识，独立完成局域网资源共享（局域网共享文件资源、局域网聊天、局域网共享打印机等共享方式至少选择 1 种完成资源共享）以截图或拍照等形式记录局域网资源共享关键步骤，并辅以相关步骤文字说明。

（3）Internet 的应用：学生运用所学知识，独立完成搭建自己的 FTP 服务器或搭建自己的 WEB 服务器（二选一）以截图或拍照等形式记录 Internet 的应用关键步骤，并辅以相关步骤文字说明。

（4）网络安全：学生运用所学知识，独立完成防火墙安装设置，以截图或拍照等形式记录防火墙安装设置关键步骤，并辅以相关步骤文字说明。

（5）网络原理知识与未来网络新技术：撰写一篇 800 字以上的论文，结合所学网络原理相关理论知识和未来网络新技术（5G、大数据、物联网、云服务等新兴网络技术），论述本专业面向的相关行业在未来网络发展中的机遇与挑战。

第（1）~（4）点中的相关网络应用实践项目的完成情况以实验报告形式呈现，第（5）2 页以论文形式呈现，具体评价标准见附表 2。

附表 2　考核内容及评分标准

考核模块	A	B	C	D
局域网组建（15 分）	实验步骤详细且每一步有具体的截图和详细的文字说明，能够总结实验所得和该实验在未来学习或工作中的用途，得 12-15 分	实验步骤每一步有具体的截图和详细的文字说明，但实验总结较少，得 9～11 分	实验步骤每一步有具体的截图和文字说明，但实验步骤有省略且实验总结较少，得 6～8 分	实验步骤有缺失，且缺乏相关截图，并且没有进行实验总结，得 0～5 分
局域网资源共享（20 分）	实验步骤详细且每一步有具体的截图和详细的文字说明，能够总结实验所得和该实验在未来学习或工作中的用途，得 17～20 分	实验步骤每一步有具体的截图和详细的文字说明，但实验总结较少，得 12～16 分	实验步骤每一步有具体的截图和文字说明，但实验步骤有省略且实验总结较少，得 8～11 分	实验步骤有缺失，且缺乏相关截图，并没有进行实验总结，得 0～7 分
Internet 的应用（20 分）	实验步骤详细且每一步有具体的截图和详细的文字说明，能够总结实验所得和该实验在未来学习或工作中的用途。得 17～20 分	实验步骤每一步有具体的截图和详细的文字说明，但实验总结较少，得 12～16 分	实验步骤每一步有具体的截图和文字说明，但实验步骤有省略且实验总结较少，得 8～11 分	实验步骤有缺失，且缺乏相关截图，并没有进行实验总结，得 0～7 分
网络安全（15 分）	实验步骤详细且每一步有具体的截图和详细的文字说明，能够总结实验所得和该实验在未来学习或工作中的用途，得 12～15 分	实验步骤每一步有具体的截图和详细的文字说明，但实验总结较少，得 9～11 分	实验步骤每一步有具体的截图和文字说明，但实验步骤有省略且实验总结较少，得 6～8 分	实验步骤有缺失，且缺乏相关截图，并没有进行实验总结，得 0～5 分
网络原理知识与未来网络新技术（30 分）	能在网络发展史，网络网络概念，网络硬件，网络组建，网络协议，网络安全等至少四个方面的网络原理知识基础上结合至少三种网络新兴技术论述本专业面向的相关行业在未来网络发展中的机遇与挑战，得 26～30 分	能在网络发展史，网络网络概念，网络硬件，网络组建，网络协议，网络安全等至少三方面网络原理知识基础上结合至少两种网络新兴技术论述本专业面向的相关行业在未来网络发展中的机遇与挑战，得 20～25 分	能在网络发展史，网络网络概念，网络硬件，网络组建，网络协议，网络安全等至少两方面网络原理知识基础上结合至少两种网络新兴技术论述本专业面向的相关行业在未来网络发展中的机遇与挑战，得 13～19 分	未在论文中提及网络原理知识或论文中对网络新兴技术论述片面且未结合本专业面向的相关行业进行论述，得 0～12 分

3. **平时考核**

任务点完成 10%："锦城在线"上必须完成，缺一次扣 3 分。

课堂活动 20%：需参与"锦城在线"课堂活动（选人，抢答，讨论，测验等）8 次以上，缺一次扣 2 分，8 次以上每次加 2 分。

作业完成 20%："锦城在线"上作业需完成，缺一次扣 3 分。

线上测验 20%：2 次线上测验，

出勤 15%：全勤满分，迟到扣 2 分，缺课扣 5 分，3 次缺课不及格。

一课一文 15%：其中课外作业不少于 6 次，主要发布评价渠道为"锦城在线"→"作业"；阶段性测验不少于 2 次，主要发布评价渠道为"锦城在线"→"考试"。